JN023392

會澤祥弘
YOSHIHIRO AIZAWA

幻冬舎MC

コンクリート業界の革命児が挑む
老舗イノベーション

はじめに

「老舗企業」と聞くとどんなイメージをもつでしょうか。

おそらく「古色蒼然」や「保守的」、「閉鎖的」といったイメージを抱く人も少なくないでしょう。

しかし、老舗企業こそビジネスの世界で生死をかけた激しい競争を繰り返し、時に顧客ニーズに合わせて変化し、時に技術の進歩に合わせた改革を行いながら生き延びてきたはずです。

「変化に適応できた者だけが生き残る」とよくいわれるように、イノベーションを起こし、進化し続ける企業カルチャーなくして、老舗企業にはなれないと思うのです。

私が3代目の社長を務める會澤高圧コンクリートは、北海道で産声を上げた総合コンクリートメーカーです。２０２１年４月で創業87年目を迎え、今でこそ業界では息長く存続している企業の一つです。しかし、私が入社した１９９８年の頃は、まさに業界内では生きるか死ぬかの〝戦争〟が繰り広げられ、決して会社の未来は明るいといえる状況ではありませんでした。

いうまでもなく、コンクリートは建造物を造るうえでは欠かせない材料です。道路、鉄道、住宅、ビル、橋……。私たちが日常生活を送るうえで、コンクリートを目にしない日はないでしょう。約2000年前にはローマ帝国繁栄の礎となり、文明の発展に大きく貢献してきた歴史もあります。コンクリートは電気やガス、水道に匹敵する「インフラ」に近い存在といっても過言ではないのです。

しかし、その必要性、重要性が認識されているがゆえに、当時のコンクリート業界は〝守られた〟存在でした。コンクリートメーカーは中小企業等協同組合法に基づいて各地域で協同組合を結成し、製造や販売を行うことが認められています。つまり、一般には独占禁止法に違反する行為（カルテル）が認められている特殊な業界なのです。これは、自由競争に伴う淘汰を防げる、一定水準以上の品質を担保できるというメリットもあります。

一方で、国の仕様規定により、いわば箸の上げ下ろしの仕方まで製造方法が細かく定められているため、ひとたび供給過剰の状態に陥ると、限られたパイを奪い合う熾烈な価格競争に陥ってしまいます。品質や付加価値による差別化が難しいため、価格でしか勝負できないのです。

そのため、当時はどうやっても赤字にしかならない価格でも、他社を蹴落とすために受注せざるを得ない〝戦争〟が繰り広げられていました。

このような状態だった業界に平和と秩序を取り戻すためには、他を圧倒する力を手にしなければならない。そう考えた私は、まずは全部門で「北海道ナンバーワン」になるという目標を定め、規制の壁や業界の常識と闘いながら、M&Aやさまざまなイノベーションを進めてきました。

戦争を終結させてからは、成熟技術と見られているコンクリートの進化の可能性に目を向け、研究開発とオープンイノベーションに注力し、祖業を変革しながら新しい事業の種を次々と生み出してきました。

こうして横並びの状態から抜け出し、自社にしか提供できない価値を求め続けてきた結果、二十数年のうちに道内のコンクリート需要はほぼ半減したなかでも、売上を約4倍に拡大できたのです。

そして、2035年に迎える創業100年目の姿をリアルに構想しながら「真の老舗企業」になるべく、会社を次代に受け継ぐ準備を進める新たなステージに突入しています。

時代が変わっていくなかで、従来の商慣習にとらわれ、前例ばかりを踏襲していては恐竜のように絶滅してしまいます。本書では、そんな危機感を原動力に進化を遂げてきた私の会社の足跡をご紹介するとともに、私自身が肌で感じたファミリーエンタープライズの魅力をお伝えします。

本書を通じて、私たちの「実践」が、企業のあり方や進むべき方向性に悩む経営者や後継者の方々をはじめとした、多くの方々のヒントになれば幸いです。

目次

第2章　成熟技術にこそフロンティアを見よ　未知なる可能性を探求する

第3章 老舗だからこそ〝最先端〟を取り入れる 生き残るために進化を止めるな

第4章

企業の成長には「喜怒哀楽」が不可欠 イノベーションを起こすために必要な経営者のポリシー

第5章 サステナブルなファミリーエンタープライズで「真の老舗企業を目指せ」

序章

次代へ向けて——未来につながる種をまく

運命の出会い

「あなたは絶滅危惧種だね。日本人から『世界一を目指す』という言葉を聞くのは久方ぶりだよ」

２０２０年７月、「世界一のエンジンドローンを作りましょう」と語る私に向かってそう言ったのは、かつて鈴木自動車工業（現・スズキ）でバイクのエンジンを設計していた荒瀬国男です。

荒瀬は「ＧＳＸ１３００隼（ハヤブサ）」のエンジン開発主担当となり、量産車として初となる最高時速３００㎞を達成したエンジニアです。二輪レースの最高峰とされているＭｏｔｏＧＰレースグループのプロジェクトリーダーとして世界を相手にエンジンの限界に挑戦し、そこで培った最先端の技を活かしながら、数年の間に新エンジン３機を次々と量産ステージに移行させた実績があります。

なぜコンクリート会社の社長である私がエンジンのスペシャリストと会っていたのか。それは当社がエンジンで駆動する産業用ドローンの自社開発を目指しているからです。

現在、日本では道路やトンネル、橋梁、ダムなど、インフラの老朽化が急速に進んでいます。ＡＩ（人工知能）やＩｏＴ（Internet of Things）といったデジタル技術を活用し、合理的、効率的なメンテナンスが喫緊の課題とされています。

こうしたなかで当社が取り組んでいるのが、老朽化したコンクリートのひび割れを自己修復させる補修剤をドローンで吹き付けるメンテナンス手法の確立です。そのためには一般的なドローンの動力源となっているバッテリーでは不十分であり、重い荷物を積んだ状態で長時間運行できるエンジンが欠かせません。ゆえに高性能のエンジンを設計できるパートナー技術者を見つけることは急務でした。

そんなときに「ハヤブサのエンジンを設計した男がいる」と人づてに聞いたとき、大げさではなく私は飛び上がって喜びました。

荒瀬が35年間勤めたスズキを退社したのは２０１８年、彼が57歳の時のことです。「前例がない」「他社の真似をしない」「常識的でない」の「三無い主義」を掲げてものづくりに勤しむ会社と、激しい競争下での「世界一のものづくり」を強く意識するようになった彼との間には乖離があり、次第に自動車業界を物足りなく感じていたようです。

心機一転、エンジン・機械・設計・解析のフリーエンジニアとして人生を再出発した荒瀬は、空への憧れを抱き模型飛行機を設計した学生時代のことをふと思い出していました。そして自身の経験とスキルをドローンで活かそうと考えていた矢先に、私と出会ったのです。

そんな荒瀬と会って話した時のことを、鮮明に覚えています。

「おれはバイクが好きなわけじゃない。正直、社会的になくてはならない輸送手段でもないし、暴走族も乗っている乗り物に対して、疑問を感じるところはある。おれはただ、あのパタパタと小気味良い音を響かせて動く機械（エンジン）が好きなだけなんだ」

そう語る荒瀬とその日のうちに共同出資でエンジンドローンを作る会社を立ち上げることを決め、1週間後にはロゴのデザインやコンセプトを定めたうえで「アラセ・アイザワ・アエロスパシアル合同会社」を浜松に設立したのです。

このスピード感に荒瀬も驚いていましたが、私はこの男を手放してはならないという気持ちに駆り立てられていました。60歳にして3D-CADを自由自在に操り、金型を起こしてから部品を手で組むまで、エンジンを一から作れる彼となら次元の違うものづくりを一緒に体験できるかもしれない。標準化した部品を組み合わせて製品を設計し、組み立てる「モジュール化」が製造業の通例になってきた時代において、ものづくりの心をもった

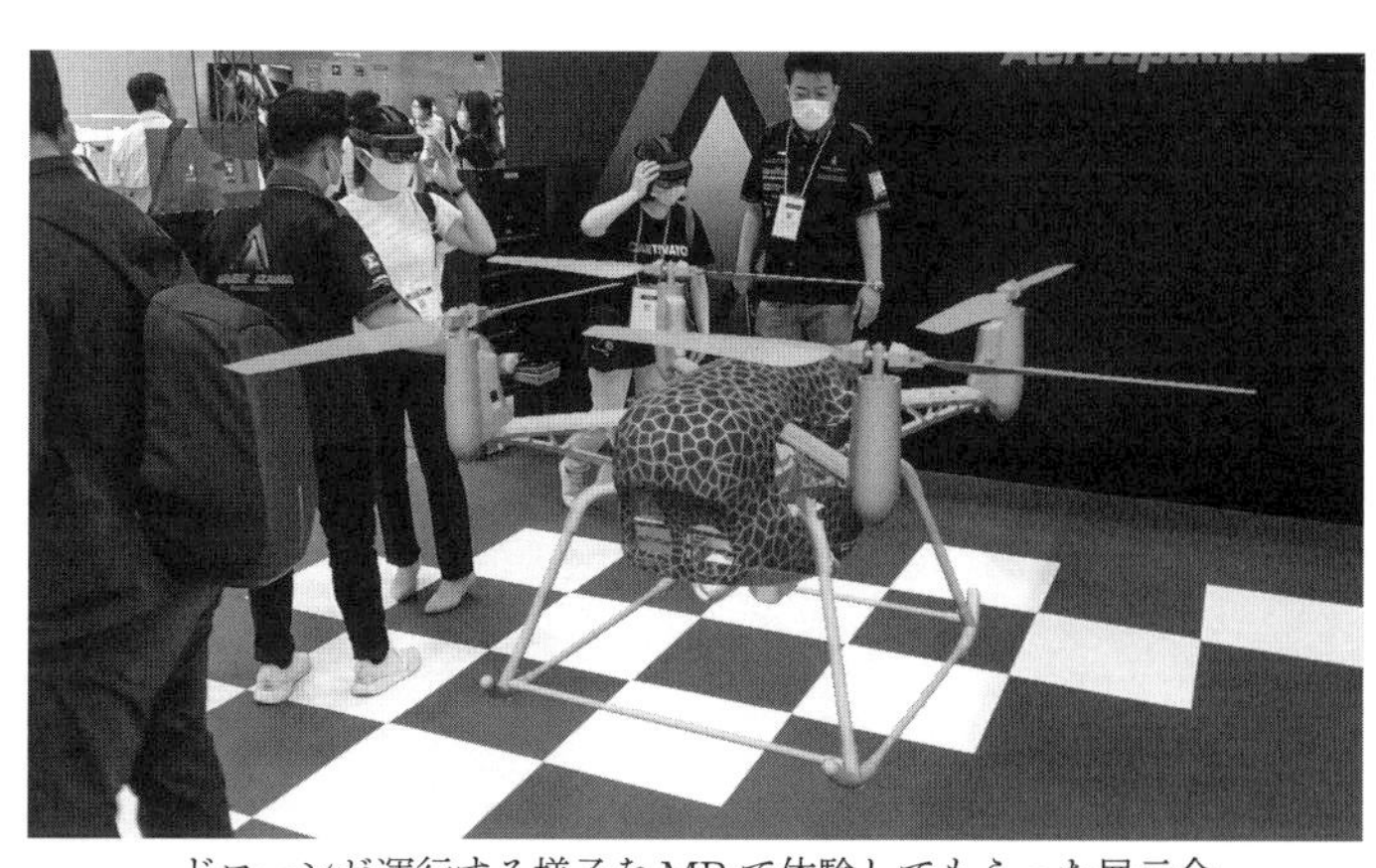
ドローンが運行する様子をMRで体験してもらった展示会

最後の日本人を見つけたような感慨を覚えたのです。荒瀬も「世界一を目指す」私のビジョンを聞いた時、忘れていた情熱がよみがえってくるような感覚があり、技術者魂に火が付いたようです。
そこから約1年が経ち、私たちは基本性能として100kgの荷物を持っておよそ5時間飛び続けられるドローンの開発に目処をつけました。ドローン用に新たにデザインした500ccエンジンを搭載する機体とそれを格納する自動給油機能がついたエアポート、デジタルツインを用いた自律航行システムが三位一体となった統合システムを、私たちは「Drone Basics for Industry」と呼んでいます。
2021年6月には、幕張メッセで行われた日本最大級のドローン展示会「Japan Drone 2021」

デビューフライトを待つドローン「AZ-500」

に参加しました。その展示会では、来場者には頭にかぶるだけで複合現実の世界を体験できるHoloLens（ホロレンズ）を装着してもらい、ドローンが運行する様子をMR（複合現実）のなかで体感してもらいました。会場を見渡しても、ドローンの機体を持ち込まなかったのは、おそらく私たちだけでしょう。

本書が出版されている頃にはもう過去の出来事になっていると思いますが、2021年9月22日には天竜川の河口でデビューフライトを実施する予定です。「441ミラクル」――。この日のデビュー戦をそう呼んで準備を進めてきたのは、私と荒瀬が出会ってからわずか441日目で奇跡を起こそうという決意だったのです。

「ＡＺ－５００」と名付けた初号機は、真に産業用として活躍できるドローンのさきがけとなるでしょう。

ドラえもんの世界を現実に

私たちはすでに、３Ｄプリンターでの印刷により公衆トイレやモニュメントなどのコンクリート構造物を造っています。人間がデザインしたものを３Ｄプリンターが自動的に印刷してくれるという点で非常に革新的ですが、課題もあります。

３Ｄプリンターのアームが届く範囲内でしか印刷できないため、一定の大きさ以上の建造物を造ることができないのです。３Ｄプリンターのアームを伸ばしたり、大きな櫓を組んだりすれば、一般住宅の規模にまで対象範囲を広げられますが、それでもまだ革新性を十分に活かせているとはいえません。こうした制約を一気に飛び越えるには、コンクリート３Ｄプリンターそのものを飛ばしてしまえばいいと考えたのです。

３Ｄプリンターを開発するうえでの私たちのテーマは、「物理的な制約から解放される」ことです。人の手では実現しにくいデザイン性の高い建物であっても、地上30階建ての高

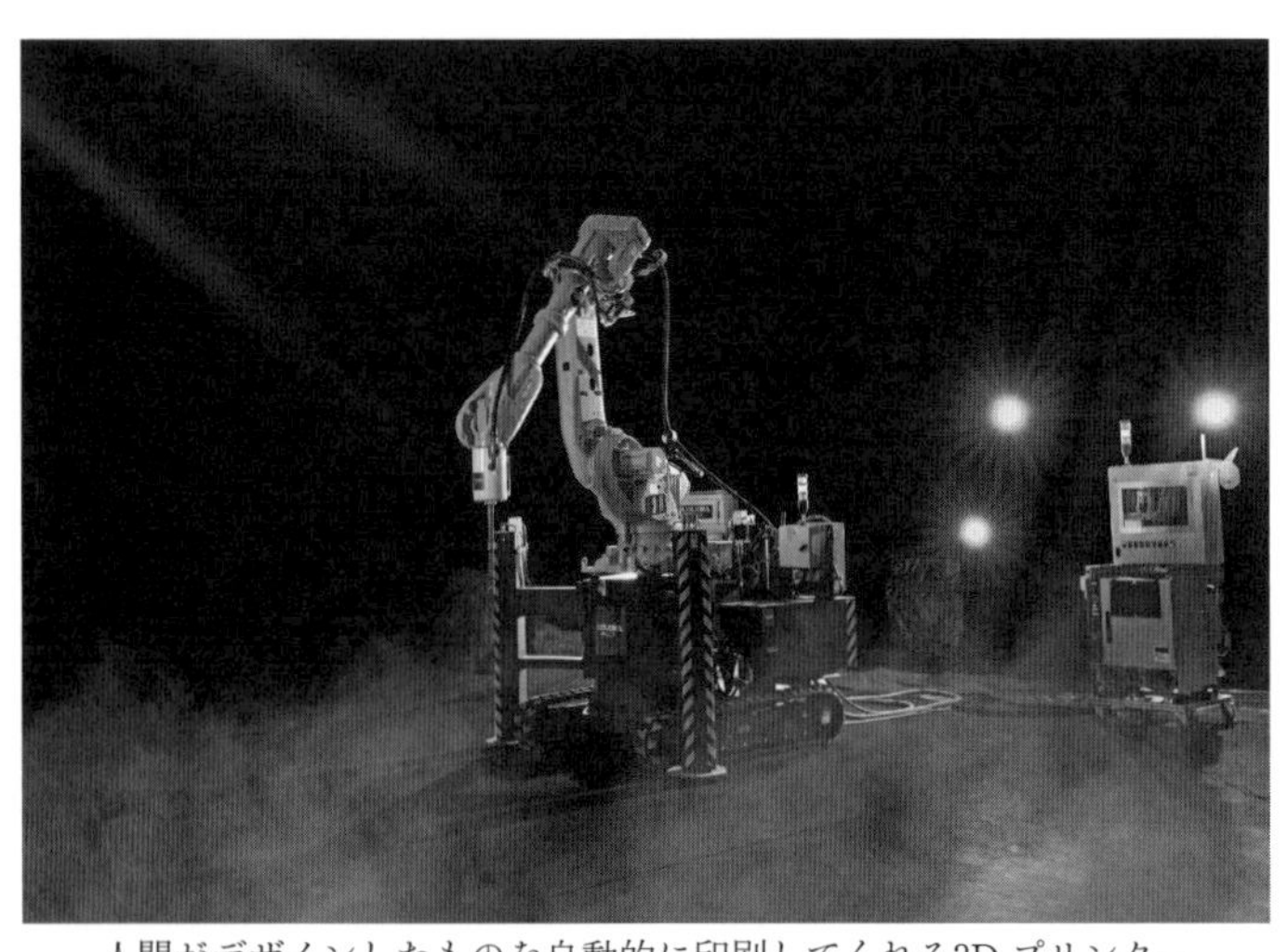

人間がデザインしたものを自動的に印刷してくれる3D プリンター

層ビルであっても無人で造れる世界を現実にしたいのです。

そのためにはコンクリートを空に持ち上げる〝道具〟としてのドローンは必須です。地上でち密に練り上げられた速乾性のセメント系マテリアルを搭載し、小さいノズルからホイップクリームを絞る要領で、指定の場所に積層していく。コンピュータで指定したところに速乾性のコンクリートを〝印刷〟するだけで建物が完成するならば、建設のプロセスは劇的に変わります。

まずドローンが自動的にポートに戻ってきて、燃料とコンクリートを積んで飛び立っていくので、現場には職人も現場監督もいる必要がなくなります。大型クレーンもクレーンを操縦する人もいりません。「建築の無人化」により、企業としては人件費を大幅に削減し、作業者の安全も確保できるのです。

また、型枠を造る工程もコンクリートを運搬する工程も省けるうえに、現場では24時間365日作業を続けることができるので、大幅なコストの削減および工期短縮にもつながります。

これが実現すれば、「建造物の設計→型枠の設計→型枠の製造→現場での建て込み→コンクリートの運搬→コンクリートの打設」という一連のプロセスが大幅に簡略化されるでしょう。要するに私たちは、従来型の建設業の事業モデルを180度変えてしまいたいのです。

むろん、強風が吹いたり、雨が降ったりしている環境下でも、指定した場所にコンクリートを積層させるのは、たやすいことではありません。道のりは険しいですが、この技術を確立できれば、必ず一定の市場を確保し、コンクリート産業の未来を発展させると私は信じています。私たちがその分野でリーダーシップを発揮するためにも、空飛ぶ3Dプリンターによるイノベーションを、一丁目一番地と位置付けているのです。

この空飛ぶ3Dプリンターの具体的な活用の場として、私たちは洋上風力発電への参入

3Dプリンターで印刷して造った深川の公衆トイレ

を視野に入れています。洋上風力発電は再生可能エネルギーの牽引役として世界的に期待されており、日本でも2040年までに原発45基分相当となる最大4500万kWの電力をまかなうことが目標とされています。

5兆円の市場規模といわれる洋上風力発電建設工事には、スーパーゼネコンが主導しようと手ぐすねをひいています。清水建設は約500億円を投じて超大型洋上風車の建設に対応できる世界最大級の自航式SEP船を建造しています。国も風力発電の主力電源化に向けて旗を振っていますが、まだその工法が確立されていない現状は、私たちにとって大きなチャンスです。

もしそこで空飛ぶ3Dプリンターを活用で

きれば、洋上風力用のタワー建設に革命が訪れます。人がコンピュータ上でデザイン、設計した図面をデータとして3Dプリンターに転送すれば、人やクレーンの力を借りなくても発電施設を建てられる。少し乱暴かもしれませんが、藤子・F・不二雄が『ドラえもん』で描いた22世紀の世界がぐっと現実に近づくのです。

この空飛ぶ3Dプリンターに限らず、積極的にイノベーティブなことにチャレンジし続けている当社ですが、昔からこうだったわけではありません。私が會澤高圧コンクリートに入社した当初、典型的な村社会であるコンクリート業界の不自由さに衝撃を受けました。そのしがらみと格闘し、折り合いをつけ、共存する道を探った末、ようやく次のステージに向かえたという歴史があります。読者の方には、その歴史を追体験しながら、ファミリーエンタープライズの可能性を感じていただければ幸いです。

第1章

戦わずして道は開けぬ
業界の悪しき習慣を疑え

荒れ果てた業界

1998年10月1日、私は新卒から12年間勤めた日本経済新聞社を辞めて北海道に戻り、家業である會澤高圧コンクリートに入社しました。出社初日、苫小牧の本社では臨時の朝礼が開かれ、役員や社員たちを前にいきなり挨拶をさせられたのです。

記者生活にピリオドを打ち、最後の勤務地となったニューヨークに別れを告げて迎えたこの日、開口一番にこう言い放ったのを覚えています。

「世界の経済の中心地、ギラッギラに輝くニューヨークから、土砂降りの北海道に戻ってきました。私は私のやり方でこの会社を変えていきたいと思います!」。

今振り返ると、朝礼が始まる直前に父から手渡された名刺の肩書が気に入らなかったのかもしれません。所属には「総務部長付」と記載されており、とっさに「世界の経済の最前線を取材してきたオレに仕事をするなということか。舐めるなよ!」という父への反発とともに、「やってやるぞ!」という気負いが沸き起こっていました。

北海道を「土砂降り」などと表現したのは、道内最大の消費地である札幌地区の生コンの市況が1㎥あたり7000円前後と全国でも話題になるほど低迷し、どうやっても赤字にしかならない金額での受注合戦が繰り広げられるなど、業界の前途に暗雲が垂れ込めていたからです。

「はじめに」でも触れましたが、コンクリートメーカーは中小企業等協同組合法に基づいて各地域で協同組合を結成し、建設会社などに共同で販売することが認められています。組合に加盟している生コン業者は、設備能力等を基準に生産・販売シェアがそれぞれ決められます。

セメントの需要先の約7割がコンクリートなので、大手セメントメーカーは生産から販売に至るまで1社で行う「垂直統合型」のビジネスモデルを構築しています。ゆえに大手セメントメーカーの直系工場が有力な状況では、価格統制により一定の秩序が保たれてきました。

しかし現実は、声の大きい人間が権力を振るい、およそ公正とは言いがたいシェア配分に不満を抱く者も少なくありません。こうして協同組合を脱退した不満分子やもともと組合に加盟していない事業者が「アウトサイダー」となり、組合を通さずに安価で仕事を取りにいくと、秩序はたちまちに乱れてしまいます。

そしていざ〝場外乱闘〟が始まると、他の事業者も次々と参戦し、価格競争へとなだれ込んだ結果、協同組合の自治機能は完全に効力を失ってしまうのです。協同組合では濃密な人間関係が形成されるがゆえに、一度そこに亀裂が入ると、収拾がつかなくなる場合もあります。

札幌も例に漏れず、1972年に協同組合が組織されて以来、それなりに秩序が保たれていました。しかし、北海道の人口約500万人中約4割の約200万人が集中する札幌市は、道内の一大消費地です。一旗揚げるべく道内の各地から富や勢力をもった人たちが集う〝草刈場〟となりやすく、構造的にいつも市況が弱含みで推移してきたのです。

私が会社に入った当時、札幌の協同組合の理事長を務めていたのは私の父・實でした。バブル崩壊の影響がいよいよ顕著になるなか、組合内の主導権争いも激しくなり、共同販売の裏をくぐってゼネコンに自主営業を仕掛け、決められたシェア以上に販売しようとする輩がいくつも出てくる有様でした。自主営業が横行すれば、組合の枠外で生コンが流通するようになり、共同販売は名ばかりになってしまいます。理事長を筆頭に執行部は、そうならないようルールを守らない組合員をなだめたりすかしたりするのですが、まさに面従腹背の状態です。むしろ嫌がらせのように裏で安売りを仕掛け、執行部の足を引っ張るのです。

私は会社に入った直後、理事長である父のかばん持ちのような形で挨拶がてら組合員との面談の場に同席しました。父はなんとか話し合いで解決しようと試みるのですが、相手はいつものらりくらり、という感じです。父を横で見ていて、なんだかかわいそうになり、最後には我が田にだけ水を引こうとする連中に怒りがこみ上げてきました。

当時の會澤高圧コンクリートは札幌圏内にすでに4工場を構えプラント数では首位でしたが、実力では二番手三番手とどんぐりの背比べです。圧倒的なパワーとはいいがたい状況でした。私は、市況の下落に拍車がかかることも覚悟のうえで畳みかけるように追加のM&Aを仕掛け、北海道の〝首都〟である札幌の全域をまずは面で押さえるべきだと考えました。

そうするための絶好の環境も整いつつありました。私が入社した1998年はセメント・コンクリート業界にとって画期となった年です。100年のライバルと言われた1位の秩父小野田セメントと2位の日本セメントが電撃的に合併して圧倒的シェアをもつ太平洋セメントが誕生しました。当時3位、4位争いをしていた三菱マテリアルと宇部興産もあわててセメント流通を統合し、業界第二位の宇部三菱セメント（UM）を発足させました。欧州で勃発したグローバルなセメント再編への危機感が一気に日本のセメント会社の背中を押した形ですが、これに伴い、セメント会社はセメント製造の規模拡大と物流の効率化に注力するようになり、垂直統合経営の象徴であった直系の生コン会社については、規模を縮小したり、売却や閉鎖する動きを加速させたのです。

ある日、宇部興産がいち早く札幌の2工場を閉鎖するとの情報が入ってきました。また三菱マテリアル直系の流れを汲む西区の工場が業績不振で撤退するとの観測も広がっていました。私はこれを好機ととらえ、誕生したばかりの「宇部三菱セメント」の初代支店長と極秘裏に組んで、前述した三菱系工場を存続の母体として、閉鎖する宇部の二工場のシェアをこれに統合するM&Aを仕掛けたのです。

時系列でいうと、最初に札幌の東区の先にある江別市に橋頭堡を築いた当社は、その後、北区、中心部に近い白石区、南区にそれぞれ工場を買収してじりじりと勢力を拡大していきました。今回の〝UM再編〟により、これまで勢力が及ばなかった西区や手稲区でもライバルを強くけん制することができるようになったのです。

伝統的に日本セメントの道内トップユーザーであった当社が〝UM再編〟の渦の中心になったことの刺激が強かったのか、新生「太平洋セメント」にも早速動きが出てきました。

突然、当社が買収した西区の工場の目と鼻の先にある旧小野田の直系生コンを解体廃棄し、東区の工場に機能とシェアを統合すると発表したのです。あとで聞けば、「アイザワとは喧嘩するな」とのお達しが上層部からあり、自主的に決断したとのことです。

ほどなく、太平洋セメントの初代支店長から「清田区にある旧日本セメントの直系工場を買収しないか」と持ち掛けられました。この工場は札幌から千歳方面へ南東に抜ける交通の要所にあり、これが手に入ったら札幌市内で当社が供給できないエリアはなくなります。設備が老朽化し買収後もプラントのスクラップ&ビルドは避けられない案件でしたが、市内の全域制圧という目標のためにその場で即決しました。

限られたパイを奪い合う競争によって、共同販売制度はすでに機能不全に陥り、協同組合は有名無実化していたのです。安値の記録が毎日塗り替えられる状態でした。父が苦悩している姿を傍で見ていた私は、「自分たち自身が力をつけなければ新しい秩序はつくれない。秩序の構築に失敗すれば、全員が死んでしまう」と悟りました。

傍から見れば、社長の息子である私は「3代目の椅子」が約束されたお気楽な状態で帰ってきたように映ったかもしれません。しかし、業界に足を一歩踏み入れた瞬間から、そこは実弾が飛びかい、血(赤字)が流れるほんものの戦場でした。苦境を打破し、新しい時代を築くためには闘うしかない、と覚悟を決めた私のなかに安穏とした気持ちなど微塵もありませんでした。

コンクリート×IT

次なる作戦が動き始めたのは、入社して半年ほどが過ぎた頃、社長であった父と「小口」の対応について議論した時のことでした。小口とは我々の業界で一般に住宅向けの生コンを意味します。コンクリート業界には、スーパーゼネコンなどが手掛ける大規模な仕事はありがたがる反面、一回の打設量が少ない住宅案件を軽んじる差別意識が染み付いていたのです。

しかし、アウトサイダーはたいてい、その住宅部門から入り込んできます。いきなりスーパーゼネコンの大型案件など取れないからです。ゆえにインサイダーである私たちが小口の〝穴〟を塞ぐことが、組合の秩序を守ることにつながります。

小口を中心とするアウトサイダーの存在にも悩まされていた父は、プレキャスト製品用の小型プラントを一台使って、これを組合が事業主体となって稼働させ、住宅専門に供給するという案を考えていました。それを聞いて私は「中途半端」と感じ、代わりに「トラックミキシング」による「ネットワーク型プラント」について初めて話しました。

住宅用の生コンは確かに住宅一軒だけをみれば、使用する量は少なく、小口と言えるでしょう。しかし、マクロ的にとらえれば、小口は一大マーケットなのです。おそらく都市圏では生コンの全体市場の2割以上を占めると思われます。ただ、小さなロットでかつ同時多発的に発生するから小さく見えるだけのことです。こうした需要にエリア全体を網羅的に対応できる仕組みをつくり出せば、一大産業になり得るのです。

私の戦略はＩＴを徹底活用した「動く生コン工場」をつくることであり、コンクリートの製法を変えたうえでＩＴを掛け合わせることによって、まったく新しいビジネスモデルを構想したのです。

従来、生コンは各工場に設置された固定ミキサーで練り混ぜて製品にしてから、車で現場まで運搬します。道でミキサーを回しながら走っているミキサー車を見掛けたことがあると思いますが、あれは練り混ぜているわけではなく、固まらないようにしているだけです。要するに固定ミキサーで生コンをつくり続ける限り、生産量はミキサー能力の制約を受けますし、「90分以内」という時間距離の制約からも逃れられません。

そこで私は、生コンをミキサー車で製造する「トラックミキシング製法」を導入することにしました。プラントの固定ミキサーで練り混ぜる「セントラルミックス製法」しかない日本とは対照的に、アメリカでは生コンの7割を占める一般的な製法なのです。「重力練り」とも呼ばれるトラックミキシング製法と、「強制練り」とも呼ばれるセントラルミックス製法は、それぞれメリットとデメリットがあります。セントラルミックス製法は、大きなパワーをもったミキサーで一気にかき混ぜられる分、瞬時に大量のコンクリートを生産できるのですが、プラント建設に多額の投資が必要なうえ、練り混ぜ方が短時間で粗いという性格があります。

一方、トラックミキシング製法はミキサー車そのものが製造装置なので、固定ミキサーに比べてプラント一基あたりの生コン製造能力を可変化できるのです。例えば大量の発注があった場合は、ミキサー車をプラントに大量に集めて材料計量だけしてどんどん送り出し、ゆっくり練りながら製品を完成させて供給することができます。需要がなければ、製造装置であるミキサー車を別の場所に移動できるのです。

材料が重力で落下する力を使って丁寧に練り混ぜるので、品質は優れています。おそらくアメリカではトラックミキシング製法から始まり、市場原理に従って、より生産性を高めるためにセントラルミックス製法が生まれたのでしょう。

それぞれの注文に応じて最適な方法を選んでいる合理的なアメリカに対して、品質を標準化するために規格を定めるところから始めている日本は、非合理的、非効率的だと言えます。私自身、アメリカから帰国した際、日本ではすべてのプラントがセントラルミックス製法だと知って驚いたのと同時に、トラックミキシング製法は誰もやっていないからこそチャンスだとも思いました。

このトラックミキシング製法の機動力を最大限活かせるのがＩＴなのです。固定ミキサーのついていない材料計量のみの小型プラントを対象エリアに多数展開してネットワークでつなぎ、そこをデポにしながら需要に合わせて製造装置であるミキサー車が縦横無尽にエリアを走り回れば、必要な量のコンクリートを迅速に現場まで運べる、きわめて合理的なシステムがつくれるのです。

生コンの運搬は、工場を出てまた元の工場に戻るハブアンドスポーク式ではなく、どのデポでも材料を積めるネットワーク型にしたほうがより機動力が高まります。Ａプラントで材料を積んで荷卸ししたミキサー車がＢプラントで再度材料を積んで別の現場に荷卸しＣプラントに行く、といくような芸当が当たり前にできるのです。

私は入社早々、数人の社員とアメリカに渡り、シカゴの最大手コンクリートメーカー「Ozinga」などに足を運び、プラントのシステムを視察しました。彼らがコンテナモジュールサイズのモバイルプラントでコンクリートを製造している様子を見て、これをトレーラーで現地まで運んで組み合わせれば、〝プレハブ工場〟のような小型生コン製造設備ができると確信しました。

私は頭のなかで温めていた、コンテナモジュールを縦に何段か積んだネットワークプラントを札幌圏内に一気に8基展開し、50台の動く製造装置（ミキサー車）を使って住宅市場を完全に制圧するというプランを父に熱く語ったのです。M＆Aですでにエリア最多の6つの大型生コンプラントを手にしたうえで、畳み掛けるようにプラス8基の住宅用プラントを同一エリアに配備するのです。さすがに難色を示すのではないかと思っていました。インターネットやデジタル機器に詳しい人ではないのですが、事業家としての勘が働いたのでしょう。父は一瞬にして、このシステムの価値を理解しました。

「カネはいくらかかる？」

「10億までで何とかかいけるんじゃないか」

こうして準備が整った１９９９年４月、私は５～６人のメンバーを集めて秘密裏に開発チームを発足しました。工場の地下に設けた立ち入り禁止の〝アジト〟を拠点に、エンジニアリング会社やシステムベンダーなど10社以上の協力を得ながら、革新的なシステムの実現に向けて動いていったのです。

事業を始めるに当たっては、イメージを固めることが肝心です。私たちはこのネットワークプラントを運営する新会社の社名を、驚きを表すウップス（ＯＯＰＳ！）に決め、「縦のピンストライプがシンボルのニューヨークヤンキース」のようなイメージをロゴで表現しました。ミキサー車のドラムはキャンディの包み紙かと思えるほど派手なものになり、道行く多くの人が振り返るほどでした。

新しいものを世の中に登場させるときは、演出も必要です。私たちは２０００年４月の事業スタートの直前に、札幌市内にプラントを一度に６基（後に２基追加）建てる〝一夜城作戦〟を実施しました。モジュールを４台持ち込んでセットすれば基本的に１日でプラントが組み上がる仕組みを採用したのです。競合他社はもちろん、社内の人間も度肝を抜かれたでしょう。途中からプロジェクトメンバーの一員として関わった副社長は当時のことについてこう振り返ります。

「ウップスを立ち上げるまでの１年間は、私のアイザワ人生でも一番濃かった気がします。

「OOPS（ウップス）CVS システム」と名付けたネットワークプラント

日々仕事に追われ、休んでいる暇はありませんでしたが、寝なくてもまったく疲れないほど充実感に包まれていました。稼働日を迎えた時の感動は今も忘れません。涙が溢れんばかりの達成感を感じていました」

生コン業界の〝クロネコヤマト〟に

「OOPS CVSシステム」と名付けたネットワークプラントのメリットは、受注や配車指示は本社の管理センターで一括管理し、柔軟な対応力をもつことです。現在、シェアリングエコノミーの代表格であるウーバーイーツでは、料理の注文が入った場合、店の近くにいる登録ドライバーをシステムが選び出し、飲食店と消費者をネットワークでつないでいますが、ウップスも似たようなビジネスモデルです。

注文が入ると、その場所から最も近いところにあるプラントにセンターから受注品の計量指示データが入り、当該プラントに回送してきたドライバーが順番にアサインされると材料計量が開始され、ミキサー車のドラムで製造がスタートします。8基のプラントと50台の車両を僅か二人で管理できるうえ、プラントの建設費は通常の生コンプラントの4分の1以下に抑えられます。ミキサー車にはGPSのほかドラムの回転センサーが搭載され、現場着、荷卸し開始などの動態管理もセンターでリアルタイムに把握できるなど、あらゆる面で業界の常識を打ち破ることができました。私たちが目指していたのは、〝生コン界のクロネコヤマト〟です。

ローンチからしばらくの間、この斬新なシステムをひと目見ようと、全国から視察が殺到しました。ウップスの社員は、毎日のように視察対応に追われていたほどです。なかにはウップスモデルの導入を真剣に検討する業者もちらほら現れるなど、業界に与えたインパクトは大きかったと思います。

ちなみに、ウップスは新しい市場となる戸建住宅分野を開拓するための二枚看板の一つでもありました。バブル崩壊後の景気低迷が長期化し、公共事業が急激に減っていくであろう未来が見えているなかで、「官から民へ」軸足を移さなければ生き残っていけない。そんな危機感から、私はウップスの立ち上げと同じタイミングで「市場開発本部」を新設しました。住宅の基礎杭となるH型PCパイルとウップスのクロス販売を行うことで関係の希薄だった住宅メーカーとのビジネスを一気に深め、市場開発本部を、生コン、プレキャスト、パイルに次ぐ4つ目の経営の柱へとその後急成長させたのです。

規制に翻弄されて

繰り返しになりますが、当社がM&Aで札幌市内に6つもの大型生コンプラントを構え、さらに住宅用のウップスでダメを押すという二つの作戦をとったのは、早期に戦争を終わらせたい、戦後の新たな秩序をつくりたいという強い思いからです。あえて〝一夜城〟などという奇抜な戦法をとったのも、散々赤字を垂れ流している競合他社の戦意を喪失させるためでもありました。

第二次世界大戦において、原子爆弾を生み出したオッペンハイマーら科学者たちは原爆を投下することに反対しませんでした。アメリカ政府も原爆の製造を中止させませんでした。その威力を理解し、起こりうる〝悲劇的〟な未来を予測できたにもかかわらず、「マンハッタン計画」により原爆を投下し、自国の力を誇示したのは、再び戦争が勃発するというさらなる〝悲劇〟を招かないようにするためでもあったとされています。

私が最も尊敬する徳川家康は、「厭離穢土（おんりえど）　欣求浄土（ごんぐじょうど）」という旗印を掲げて関ヶ原の戦いに臨んでいました。「苦悩の多い穢れたこの世を厭い、離れたいと願い、心から欣（よろこ）んで平和な極楽浄土をこい願う」という思いで、10万ともいわれる大軍を動かしたのです。当時の私もまさにそんな心境でした。戦国の世に終止符を打ち、泰平の世を築くことを願った家康のように、荒れ果てた生コン業界に平和と秩序を取り戻すためには、圧倒的な力を見せ付けるフェーズは必要だと思ったのです。

しかし、ウップスが創業してわずか1年目の2000年6月に建築基準法が改正され、生コンが指定建築材料になったのは、私たちにとって大きな逆風となりました。一定の強度以上のコンクリートと、特殊な製法によるコンクリートはJIS規格の対象外となり、製造販売する場合は国土交通大臣の認証が必要になったのです。

ウップスでつくった生コンは、「工場に設置した固定ミキサーで練り混ぜる」ように規定するJIS規格には合致していませんが、完成品の品質はJIS規格を十二分に満たしています。建築基準法37条の「(コンクリートの)品質が日本工業規格に適合するもの」という条文で示された「品質」とは、製品そのものの品質を指すのであって、法律上問題ないと判断していました。ウップスは創業の時からJISの仕様規定という在り方に真正面から疑問を投げかけ、ISO9002の認証を取得してJISによらない独自の品質システムを確立していたので、なおさらです。

実はウップスのシステムをどうしても導入したいという函館の地場大手建設会社があり、この会社とFC契約を結んでFCビジネスのモデルづくりをやりかけていました。こうした動きに地元函館の生コン業界が強く反発し、札幌での生コン戦争が函館に飛び火する格好になったのです。

建築基準法の改正を受けて強みが弱みに転じてしまったウップスを政治的に刺そうとしたのでしょう。函館生コン協同組合のメンバーだった北海道議会議員が協同組合の役員とともに国土交通省に出向き、こっそり録音テープをまわして「逐条的に、法律の条文を全項目満たしていることがJISに適合しているのだと省としては認識しております」という役人の言質を取ってきたのです。

鬼の首でもとったようにこの解釈を錦の御旗に掲げた生コン協組は、「JIS規程に1項目でも適合していないコンクリートは指定建築材料としては不適合であり、そういうコンクリートが使われた建物は建築基準法違反になる」というネガティブキャンペーンを起こしました。結果、FCの函館ウップスが受注していた商業施設の工事は一時中断し、ゼネコンは函館生コンクリート協同組合に生コンを発注し直すことになったのです。

その後も函館の連中の追及は執拗でした。全国生コンクリート工業組合連合会（全生）

という全国組織に働きかけ、麻生太郎氏など生コン議員連盟の先生たちも巻き込んで、反ウップス運動を展開しようとしたのです。

ある日、本社の経営管理本部のスタッフから「反ウップス闘争資金の協力要請なるものが全生から會澤高圧コンクリート宛に来ていますが」と一枚の紙を手渡されました。機械的に全生のすべての加盟社に送ったのでしょうが、もう怒りを通り越して笑ってしまいました。「どうしましょうか?」と尋ねるスタッフに「耳そろえて払っとけ!」と即答したことを覚えています。

異形な存在として業界に激震を走らせたウップスでしたが、結果として、私たちは圧倒的に不利な状況に追いやられました。〝法律違反〟のレッテルを貼られて取引先に迷惑を掛けるわけにもいきません。創業から約1年半が経った2001年9月5日、断腸の思いでウップスの稼働停止を決断しました。北海道庁から道内の行政庁に「建築基準法37条で規定するコンクリートは、JISのすべての項目が対象になる」という趣旨の通知が発出されたのはその2日後のことです。

その時に会った北海道庁の建築指導課の課長とのやりとりは今でも忘れません。課長は私の目の前で六法全書をぶん投げて、感情を抑えきれない様子でこう言ったのです。

「俺ね、會澤さんのやっていることはすばらしいと思う。だけど国が法律をこう解釈したと言った以上、自治体は国に従わないといけないんだ」

私たちの悔しさに心底寄り添ってくれる男気に私は胸打たれました。そこまで思ってくれる人がいるんだったら何が何でも大臣認定を取得してやろうと、その時に肚を決めたのです。

一刻も早くウップスの稼働を再開させたい私たちは、大臣認定を取得すべく、国に審査要請を出しました。国は「指定の性能評価機関で新しい技術を審査する」仕組みを設けている以上、国民から審査を求められれば断ることはできません。だからといって、生コン業界を挙げた反対運動が起こっている以上、どこの性能評価機関もわざわざ火中の栗を拾いに行くような真似はしたくなかったのでしょう。国も従前のやり方ですぐに認めて、業界からの反発を招くのは避けたかったはずです。

そこで国は、一計を案じました。国が指定する指定性能評価機関をすべて招集して「特別委員会」を結成し、国土交通大臣と国がお墨付きを与えた国立研究開発法人 建築研究所を座長に据えたのです。「全員で話し合って決めた」という体裁を取ることで、特定の標的が生まれないようにしたかったのだと思います。「住宅の分野に限定する」と念を押して認証を出したことにせよ、全体調和を考えながらできる限りソフトランディングを図ろうとする、極めて日本的なやり方です。

それにより審査がより厳しくなるわけですから、私たちにとってはたまったものではありません。蛇の生殺し状態のなかで、品質が担保されていることを証明するために、来る日も来る日も実験を行い大量のデータを採取しました。なぜこんなことに無駄なエネルギーを使わなければならないのか。くだらない規制に翻弄された日々のことは20年近く経った今思い出しても、怒りがこみ上げてくるほどです。

そうはいっても、国との間には暗黙の了解があったように思います。重厚過ぎる評価体制を整えてくれたところからも「いずれ大臣認定をあげるけれど、色々と事情があるから忍の一字で耐えてね」という〝メッセージ〟が発せられていたような気がしていました。いずれにしても敗北感や挫折感は微塵もなかったですし、大臣認定を取得できることは確信していました。

逆境におかれていた私たちにとって心強かったのが、住宅業界の人たちからのエールです。「規制に負けないでください」、「まさに私たちが求めているシステムです。必ず大臣認定を取って事業を再開してください」という声を数え切れないほどいただけたのです。

その状況を耐え忍ぶことができたのは、間違いなく、多くのお客さんが待ってくれているという実感があったからでしょう。

こうした世論の後押しもあり、ウップスが国土交通大臣認定を取得し、約1年半ぶりに稼働を再開できたのは２００３年４月21日のことです。たられればの話ですが、もし建築基準法の改正でコンクリートが指定建築材料になっていなければ、規制に〝妨害〟されずにビジネスを拡大できていたでしょう。ＦＣ契約希望の会社はほかにもありましたが、一連の騒動ですべて封印しました。「重要な材料だから」というのが国土交通省の建前であり、ある部分では事実だと思いますが、ＪＩＳを所管する経済産業省との縄張り争いのなかで、国土交通省の権限を拡大したいという思惑もあったはずです。

もっとも、厄介事に巻き込まれたという感覚は、国土交通省の役人も同じだったかもしれません。「一定強度以上の特殊コンクリートは国交省、標準仕様の一般コンクリートは経産省」という棲み分けをしたかっただけなのに、そのどちらにも該当しない異形のビジネスモデルが出現したわけですから、想定外の展開に戸惑ったのではないでしょうか。

玉虫色の結論

ウップスの稼働が停止していた間も、札幌の生コン市況は下落の一途をたどり、ある大型流通店舗向けでは4600円／㎥の指値が出たとの噂も流れました。江別に本社をおく有力生コン会社が破綻するなど淘汰のメカニズムは確実に働き、業界には厭戦気分が充満していましたが、私にはどうしても終戦に向けた協議を始める前に〝退治〟しておきたい工場が一つ残っていたのです。それは地元の骨材会社が所有する大型プラントで、市内中心部に位置する当社の基幹工場「札幌菊水工場」の隣にありました。

このプラントを生かしたまま組合活動を復活しても、立地の良さからすぐにまた暴れ出し、せっかくの組合再建が水泡に帰す恐れがあったのです。逆にこれを当社が手に入れれば、市内中心部でツインプラントを運営することになり、業界秩序の安定度は格段に増すでしょう。

私はこの骨材会社のメーンバンクだった当時の支店長に直接面談を申し入れ、荒れ果てた業界をどう立て直すかのシナリオを説明し、そのために当該工場の買収に協力してほしいと訴えました。支店長は構想が実現した場合の業界全体の収益改善効果の大きさに着目し、買収を斡旋してくれることになったのです。そこからはとんとん拍子で進み、先方と売買契約を交わして買収資金をこの銀行が当社に融資し、プラント売却代金をもって銀行が既存の融資を回収するという方法を採りました。札幌圏に７つ目の大型ＪＩＳ工場を確保したのを機に、私は満を持して業界への外交デビューを果たすことにしたのです。

組合再建は遅々として進んでいませんでしたが、当社を含む４社の代表が集まる非公式協議「四社会」というのが以前から続いていました。４社とは、専業といわれるセメントメーカーの直系会社ではなく、我々のような「民族系」の大手のことです。コンクリートメーカーは、セメントメーカーの系列会社である直系と、当社のように独立した民族系に大別されます。

当社からは最古参の営業担当常務が出ていましたが、これからは専務となった私がアイザワグループの全権代表としてこれに参加することにしたのです。２００２年6月のことでした。30代の私が組合の先輩理事たちの前で初めて挨拶をした時、理事会は静まり返り、テーブルはピンと張り詰めていました。業界を騒然とさせたあのウップスの代表取締役社長でもあるからです。

「実に多くの血が流れました。私は組合を再建し、誰もが納得する共同販売事業の新たなルールを責任もってつくりあげるためにアイザワグループの全権代表として今日から誰よりも汗をかく覚悟です。ついては一点だけ皆さんにお願いがある。我々四社会に、組合再建プラン作成の白紙委任状を出してほしい。4社は皆さんが合意できないプランはつくらない。4社はまた互いが真に合意した内容しか皆さんにご提示しないからです」

この提案は満場一致で理事会で採択されました。「アイザワがついに動いた」「いよいよ始まるぞ」と、皆がトンネルの先に微かな灯りを感じた瞬間だったようです。

翌日から私はほかの業務をすべてかなぐり捨て、組合のなかで長時間過ごし、次回開催する四社会のスケジュールばかりを手帳に書き留める日々が続きました。

全権代表という言い方をしたのには理由があり、四社会のメンバーには、誰一人としてトップ（社長）は入っていないのです。私には父である社長が控えているし、他の3人もそれぞれ会社に戻ればオーナーがいるわけです。しかし、四社会の協議がいちいち〝本国〟にお伺いを立てるような類いであれば、いつまでたってもゴールにはたどり着けません。私も、ただの一度として社長である父に四社会での協議内容を途中報告したことはありません。いずれも全権委任された4人であり、ゆえにそれぞれの会社のプランではなく、全組合員から白紙委任を受けた「機関としての四社会」の結論を導き出すのだということを、自分も含めて全員が忘れないようにするためだったのです。

表では全生主導のウップスへの反対運動が散発的に続くなか、私たちは粘り強く〝戦後処理〟の枠組を話し合いました。シェアの決定メカニズムが議論の中心でしたが、佳境に入るとウップスの大臣認定取得がスケジュールに乗りつつあったこともあり、この問題をどう処理するかが大きな焦点となったのです。他社にとってウップスは業界の秩序を乱す目の上のたんこぶであり、大臣認定は下りてほしくないというのがおそらく本音だったでしょう。一方で組合が共同販売事業をスタートさせた後に〝ウップス問題〟が再燃し、これが引き金になって共販が再停止になるようなことは絶対に避けねばなりません。共販再開とほぼ同じ時期に、ウップスが大臣認定のもとで再稼働することを前提にして、新しい秩序をどうつくるかを建設的に考えるように方向づけていました。

M&Aを繰り返した末、すでに他を圧倒するシェアをもつようになっていた当社グループがウップスでさらにシェアを積み増そうとしても理解は得られないでしょう。一方で、ウップスは小口に特化した優れたシステムをもつこともあり、組合の一部として機能統合してしまうようなプランもないとはいえません。すでに個別の企業として存在しており、当然固有のシェアが割り当てられるべき、というのが私たちの主張です。しかし、この隔たりを埋めるのは容易ではありませんでした。

結局、ウップスは独立法人として組合活動における「生存権」は認めるものの、「恒久的地位」（資格やシェアなど）の確定については保留にすることになったのです。アイザワグループなので可能な限りグループのシェア内で事業を回してもらいたい、組合も執行部中心に可能な限りの協力をする、とのあいまいな結論を出して、不毛な議論に終止符を打ったのです。エルサレムの帰属と恒久的地位ははっきりさせないほうが当面はうまくいくというのに似た発想です。

すべての話し合いがようやく決着を見たのは新生「四社会」がスタートしてからほぼ1年経ってからのことです。過去のシェアを決めてきた歴史的な経緯は完全に封印し、冷徹に先の大戦を評価してできた文字どおりの〝戦後処理〟プランです。最後まで戦ったのは誰か、戦線を離脱したのは誰か、稼働工場としてどこが残りどのような設備なのか、M&Aでシェアがどう継承されたのか、などを細かに整理しながら、小学生でも計算できる公正なシェア配分のメカニズムをつくり上げたのです。

戦後処理ですから確かに計算根拠となる基本シェアは各社の流した血の量に比例するの

ですが、一方で組合としての〝公共政策〟（シェアの再分配機能）もしっかり盛り込まれて全体が仕上がっています。2003年4月1日、道内最大の札幌生コン協同組合は、四社会が取りまとめたシェア決定メカニズムと構造改善プランを全会一致で決議し、共同販売事業が再スタートしました。主な発注者であるゼネコンに逆ザヤを受けてもらいながら一気に市況の立て直しを進めたのです。

純粋な民主主義は存在しない

大臣認定を下ろすに際して、なるべく批判が出ないように、全員で話し合って決めたという体裁を取った国のやり方は一定の理がありますし、批判するつもりはありません。むしろ私の怒りは、規制や役人の証言を印籠のように掲げて、私たちのような異分子を排除しようとする連中に向いていました。しかし、今振り返ってみて思うのは、私が「若かった」ということに尽きます。

顧客を喜ばせることができるうえに、業界に革新をもたらし、業界の秩序も守ることができる〝正しい〟ビジネスモデルなのだから、世の中に受け入れられるだろう。当時、

30代半ばの私はそう信じて疑わなかったのです。事業をやるのが初めてだったこともあり、世の中に対して一石を投じてやろう、規制によってがんじがらめになった業界に風穴を開けてやろう、と気負っていたところもありました。

このウップス騒動から私が学んだのは、時代と歩調を合わせないとせっかくの技術も活かせず、邪魔や抵抗する人たちをうまくハンドリングしないとビジネスはうまくいかないということです。今の私ならば、業界の諸先輩方に今に至る歴史や背景を聞きながら、スムーズにローンチする方法を選ぶでしょう。

しかしながら、国が定めている仕様規定などの「規制の壁」には、今も疑問を感じずにはいられません。規制の目的を煎じ詰めれば、「コンクリートの品質は建物の安全、ひいては人命に関わる問題だから、劣悪なコンクリートが普及しないように安全を担保する仕組みが必要である」という理屈でしょう。つまり社会的規制です。

協同組合やカルテル、仕様規定はまさに「皆が80点」の状態を維持するための仕組みですが、一見すると社会的規制のようでいて内実は競争制限を目的とするものであることも多いのです。そういった共産主義的な手法でやると、八方丸く収まるかわりに、その調整に膨大な時間とコストを要します。得てしてそれは「出る杭は打たれる」スタンスとなり、国際競争力を削ぎ、国家的損失を生み出すことにつながりかねません。

もしもそういった規制がいっさいない自由市場で戦った場合、コンクリート業界は小売・流通業界と同じ運命をたどるでしょう。イオンのような巨大グループの台頭により、全国各地の商店街で細々と営業を続ける中小零細企業が次々と淘汰される流れになったはずですが、それが行き過ぎてもやはりまずいのです。

私がウップスで実現したかったのは、協同組合でそのシステムを運営し、全国的にフランチャイズ展開をすることです。小口需要から攻め込んでくるアウトサイダーから組合を守るためにウップスのシステムを導入すれば、全国約３００の協同組合で汎用できる大きな武器になるという青写真を描いていたのです。

記者時代に国連の安全保障理事会を中心に国際政治を取材していてつくづく感じたのは、G7やG20といった主要国が重石となって大まかな方向性を定めて世界をリードするからこそ、国際秩序が形成されるということです。仮に1国1票制にすれば世界はとんでもない方向に進んでしまう恐れもあります（国連総会は1国1票制ですが、総会決議に法的拘束力はありません）。

要するに、世の中に純粋な民主主義など存在しないのです。私が尊敬する徳川家康のように、まさに先導役となるべき人材や集団が相応の力をもって秩序をつくり統治するという自然の摂理に従ったほうがよい結果を生むと考えています。

残念ながら公益的なメリットをきちんと訴求できていなかったことがウップス騒動を招く結果となったのは、私の不徳のいたすところです。もしうまくやっていれば、大口需要と小口需要が共存する、合理的かつ公平なシステムを実現できていた可能性も十分にあり、今とはまったく違う未来が拓けていたかもしれません。しかし、この〝苦い経験〟から学んだことが「イノベーションカンパニー」の礎をつくったという意味では、通るべき道だったのだと思っています。

《コラム》
インターネットの熱狂

私がウップスという日本では類例のない取り組みを着想し実行に移せたのは、日経新聞の記者時代に、ニューヨークで4年間生活していたことが大きく関わっています。私がニューヨークに行った1994年当時のアメリカは、1980年代にラテンアメリカで起こった経済危機の影響をまだ少し残している状態でした。景気拡大の裏でレイオフによる失業者が大量に発生する「ダウンサイジング・オブ・アメリカ」が社会課題として認識される一方で、そうした重苦しい空気を一掃する起爆剤としてインターネットへの期待はいやがうえにも高まっていたのです。

例えば、ネットスケープというブラウザです。ネットスケープはWindowsのようなパッケージソフトではなく、ネットワークからダウンロードして一気に普及した人類最初の画期的な製品でした。

パソコンの所有者は皆、一夜にして、メールアドレスをもつようになり、ネット通信を始めた時代です。1995年7月にオンライン書店として創業したAmazon.com社のジェフ・ベゾスや、デルコンピュータを創業したマイケル・デルなど、同世代（30歳前後）の起業家たちが起業し、社会をダイナミックに変えていくさまを傍目で見ながら、私はありとあらゆる分野に計り知れない影響が出てくるという予感を抱いていました。Webonomics（ウェッブ経済）がいったいどれだけのスピードと規模で産業や金融を変革してしまうのか、会社の仲間と随分議論したものです。

アメリカ社会を包む得体の知れない熱気や起業家たちのエネルギーに触発されてか、いつしか「おれも事業をやりたい」という意欲がむくむくと湧き上がってきました。インターネットを活用してBtoBビジネスを行うアプリケーションベンチャーが台頭しているのを見て商機を見いだした私は、会社には内緒でデラウェア州にECサイトを運営する「BTBex.Inc（business to business exchange）」を設立したのです。

そもそも私自身、新聞記者という仕事が天職だと思っていたので、自分で新しい会社を立ち上げるイメージはありませんでした。日本で朝の出勤時や帰宅時に自分が追い掛けている政治家や経営者の自宅に押し掛ける。あわよくば、自宅で食事をご馳走になったり、箱乗り（車に同乗する）をしたりする。そんな「夜討ち朝駆け」スタイルで濃密な取材を重ねるなかで、特ダネをつかむことにやりがいを感じていたからです。

しかし、アメリカではそんな取材スタイルはまったく通用しませんでした。取材は決まった時間しかとれないテレカンファレンスが大半で、夜討ち朝駆けなどやろうものなら、ＳＰに銃で撃たれておしまいです。日本のように取材対象者を深く追うことができない環境が非常に物足りなく感じていたこともあり、自分で事業をやりたいという気持ちがより膨らんだのでしょう。

結果からいうと、本社から帰国命令が下ったのを機に會澤高圧コンクリートに入社することに決めたので、その目標は果たせずに終わりました。アメリカ社会を揺さぶるインターネットの熱狂に直に触れた身としては、ずいぶん心残りもあったのですが、それを断ち切るために、家業を踏み台、いや跳躍台にしてもう一度アメリカに戻ってくることを新たな目標に据えたのです。

そう考えると、混乱状態に陥っている札幌は、私にとって格好の舞台だったともいえます。ウップスをはじめとした改革は、「旧態依然とした産業モデルをＩＴの力を駆使してどこまでトランスフォームできるか」という実験でもあり、挑戦でもあったのです。

第2章

成熟技術にこそフロンティアを見よ
未知なる可能性を探求する

運命の日

2016年4月12日、私たちはオランダのデルフト工科大学のキャンパスにいました。海洋生物学者のフレデリック・ヨンカース准教授が率いる研究チームが、バクテリアの代謝機能を使ったコンクリートの自己治癒方法を開発したと聞き、技術交流を求めてはるばる訪問したのです。私を団長にアイザワ技術研究所の所長ほか3人の主任研究員が随行したのですが、正直、当初は物見遊山の気分が抜けませんでした。

なぜなら技研の研究チームはちょうど、pMpと呼ぶ革新的なコンクリート製法の開発に成功し、折よく当社の創立80周年記念事業で大々的に発表し終えたばかりでした。デルフトへの訪問はそのご褒美の意味合いもあったのです。そして時を同じくして、当社の技研も、ひび割れを自動的に直す自己治癒型のコンクリートの開発を次のテーマに定めていました。自己治癒の仕組みは、納豆菌に炭酸カルシウムを析出させてひびを埋めるというアイデアを活かしたものです。會澤家は茨城県久慈郡金砂郷から北海道に渡った旧家であり、茨城といえば、水戸納豆です。コンクリートの自己治癒化に納豆菌を使おうとしたのは、そんな父祖の地への親しみもあったからです。

コンクリートには、乾燥による収縮や、セメントの水和熱のためにひび割れが発生するという性質があります。これを放置しておくとさらにひび割れが進行し、雨水などがコンクリート内部に深く浸透し、最終的には鉄筋に錆を生じさせ、構造的にも危険な破壊作用を起こしてしまいます。「ひび割れをなくす」のではなく、「ひび割れは必ず入る」ことを前提として、小さな傷の段階でかさぶたをつくり、それ以上の劣化因子が入り込まないようにシールドし続けることで、〝壊れないコンクリート〟が実現するという夢の技術です。

ヨンカース准教授らは、アルカリ耐性の強いバクテリアと、その餌となるポリ乳酸に入れ込んだ玉とを生コン製造時に処方することで、割れ目から雨水や酸素が浸透してきた際にバクテリアを活性化させ、バクテリアが餌を食べると炭酸カルシウムを生成し、ひび割れた場所に追随して傷を埋めていく、という自己治癒の方法を考案しました。私たちは、ヨンカース准教授がフィールドで採取して培養したアルカリ耐性のあるバクテリアと、それらを餌となるポリ乳酸に封じ込める製法に興味をもったのです。しかし、どこか物見遊山気分だったのは、彼らのテクノロジーはまだまだ発展途上だろうなと、高をくくっていたのです。デルフトのチームが試作したバクテリアを封じ込めたポリ乳酸のパーセルは直

大きな転機となったデルフト工科大への訪問

「DAY1」式典の様子。
自己治癒コンクリートの量産化は国内外から注目を集めた

径3～4㎜もあり、いわばフンコロガシのようなものです。とても構造体コンクリートに配合できるサイズではありませんでした。

しかし、彼らが当日示したパーセルは直径1㎜程度と、事前に得ていた情報に比べて格段に小型化されていました。パスタの押出成形のような手法でポリ乳酸の細い棒を成形し、それに等間隔でバクテリアを注入したのち、顆粒状に細かく裁断する新しい方法を採用していたのです。「これでも製造プロセスが複雑過ぎる。量産は難しいな」と感じたものの、小型化されたパーセルを見て、心が大きくぐらついたのを今でも覚えています。

デルフトチームのプレゼンが終わったあと、私はこう質問しました。「これまでに自己治癒技術について、日本の企業からの照会はありましたか?」。これに対し、事業化担当のバートは「A社から問い合わせがありました」と答えたのです。名前を聞けば、日本人なら誰もが知っている日本の総合化学メーカーの名前が返ってきました。私はその瞬間、単独での自己治癒コンクリートの開発を棚上げし、「デルフトと組んでしまおう」と、心に決めたのでした。

それからあとの数時間は、当社の技術をPRしつつ、なんとか気に入ってもらおうと汗をかきながら、開発したてのpMpコンクリートをプレゼンし、理想のコンクリート製造について高度な研究開発レベルを維持していることを理解してもらいました。「大学のラボレベルの基礎研究も、産業として使える量産技術にまで進化させて初めて社会に実装できます」。食事をともにしながら、メーカーとのパートナーシップの有用性を説き、その日のうちに日本での独占的な販売権と量産化に向けた共同研究の合意を取り付けたのです。まさに運命の日でした。デルフト市内のホテルに戻った時には、すっかり疲れ果てており、ぐったりとベッドに倒れ込みました。

彼らとの2年半の共同研究を経て、コンクリートの自己治癒化材料の量産化を世界で初めて実現し、２０２０年11月16日、「Basilisk（バジリスク）」の商標で生産を開始しました。バクテリアをコンクリート内で守るためにカプセルに入れるという発想を改め、バクテリアとポリ乳酸のサイズの圧倒的な差を利用し、減圧した超高速ミキサーで撹拌することでポリ乳酸の中にバクテリアを封じ込めてしまう製法を考案したのです。医療用の撹拌機を専門とするドイツの企業と組み、特殊ミキサーを導入したことがプロジェクトを成功に導きました。サイズは顆粒から粉体となったことで量産が可能になり、このプラントを活用すれば、年間70万㎥に相当する自己治癒コンクリートの大量供給が可能となりました。「ＤＡＹ１」の式典でプラントの稼働スイッチが押されたのち、開発を主導してきた主任研究員と目が合った瞬間、彼の目から涙が溢れ出しました。男泣きの現場は、ウップスの創業以来20年ぶりだったと思います。このニュースは多くのメディアで取り上げられました。建築土木系の専門紙誌はもちろん、日本経済新聞などの全国紙、フジテレビのプライムニュースでの特集、果てはＮＨＫの『有吉のお金発見 突撃！カネオくん』やＴＢＳの『がっちりマンデー!!』などバラエティー番組でも取り上げてくれました。「Newsweek 国際版」でも１ページにわたって内容を深堀してもらえたことで、海外からの照会も増え、今や、勝手に治る自己治癒型マテリアルの代表選手として広く認識されつつあります。

Basilisk をローンチした16日は、当社にとって、別の意味でも歴史的な日になりました。この日から「脱炭素第一」（Decarbonization First）を政策に掲げ、脱炭素をすべてに優先する経営へと舵を切ったのです。コンクリートは安価で文明を維持するのに非常に重要な役割を果たす一方で、負の側面もあります。主要な材料であるセメントを製造する過程で、石灰石と粘土や珪石、酸化鉄などを燃やすため、大量の二酸化炭素（CO_2）が発生するのです。その量は、セメント１トンにつき０・８トン。一般社団法人セメント協会によると、国内における産業部門の約５％がセメント産業から排出されるCO_2となっています。世界全体で見ればセメントは年間40億トン以上生産されているので、排出している

CO_2は32億トン以上になります。世界のCO_2排出量の約8％を占めるという不都合な真実があるのです。

ならばセメント由来のCO_2排出量を減らしていくために、コンクリートを使うのをやめればいいのです。コンクリートメーカーの社長が言うのもおかしな話ですが、私たちはいたって真剣にそう考えています。自己治癒型のスマートコンクリートである「Basilisk」は、基本的に壊れません。世の中に「壊れない産業製品」は存在しないでしょう。車でも家電でも、将来壊れることを見込み、買い替えの需要があることを前提に事業モデルが組み上がっているはずです。

当社は、一日も早く、世の中に新規に供給するコンクリートを自己治癒型の壊れないスマートマテリアルに切り替え、同じ志をもつ同業者の仲間を増やし、従来型コンクリートの将来の買い替え需要を戦略的に削減していこうと考えています。旧来のコンクリートメーカーから、自己治癒化や低炭素化のようなテクノロジーをマーケティングすることで事業を成長させていく新しいタイプのスマートマテリアルカンパニーへと転換するのです。脱炭素社会の実現に向けて「つくっては壊す」を繰り返す20世紀モデルと決別し、持続可能なスマートコンクリートのビジネスモデルを実現することを計画しています。

当社は2035年に創業100周年を迎えます。その時、私はちょうど70歳を迎えます。この時までにサプライヤーやデリバリーを含めた私たちの事業活動のカーボンニュートラル化を達成することを「マテリアリティ」(重要課題)として据えました。自己治癒コンクリートへの切り替え、さらには自己治癒型補修材の普及で既存コンクリート構造物を延命させることは政策の一丁目一番地ですが、買い替え需要がマクロ的に極小化してCO_2の発生量に直接的なインパクトを与えるまでには相当に長い年月がかかります。今、排出されているCO_2を可能な限り私たちの産業のなかで吸収して、カーボンに対してよりニュートラルな状態に近づけるために、ありとあらゆるアプローチを取る総力戦が求められています。

当社は2021年5月、カナダのカーボンキュア・テクノロジーズ社とライセンス契約を締結し、同社が開発したコンクリート産業向けの炭素リサイクル技術を国内で初めて実装しました。産業界から排出されるCO_2を集収して液化し、生コンクリートの製造時に注入することでナノレベルの結晶を大量発生させ、強度を10%程度増進させます。その過剰スペックとなった分のセメント量を減らすことでコンクリートの低炭素化を実現するテクノロジーです。ビルゲイツ氏が元締めのブレイクスルー・エナジー・ベンチャーズとい

CO_2をコンクリート内に永久に固定化する「カーボンキュアコンクリート」

うファンドの資金をもとに開発が進み、北米ではすでに６００を超える生コン工場で実装されています。私たちは他社の技術でも、課題達成のために積極的に導入をしていきます。

20世紀モデルの「つくっては壊す」との決別が求められるように、よかれと思ってやってきたことが、時代の変化によって一転して受け入れられなくなることがあります。セメント・コンクリート産業にとって、この先逆風が吹きかねないのが、廃プラスチックを化石燃料の代替として利用するセメント焼成手法だと思います。厄介者を受け入れ、しかも原価の低減効果もあるため、多くのセメントメーカーが取り入れています。日本では熱利用の「サーマルリサイクル」と呼ばれ、廃プラのリサイクル方法として分類されていますが、実はこの定義、世界にはまったく通用しないのです。世の中が一気に脱炭素へと舵を切ったこともあり、CO_2排出抑制の観点から、プラスチックを燃やすこと自体、やり玉にあげられる恐れが出てきました。

米国のマサチューセッツ工科大学（ＭＩＴ）と弊社が共同で開発を進めているMiCon（マイコン）は、破砕した廃プラに電子ビームを照射して改質し、これを細骨材の一部を代替するコンクリート原材料として利用する放射線改質型のテクノロジーです。これまでの実験でコンクリート1㎥あたり約５kgの改質廃プラを混練してもコンクリートの強度は同等かそれ以上になることが確認されました。５kgの廃プラは５００mlのペットボトル２００本分に相当します。廃プラは現状最終的には燃やされているので、1㎥のコンクリートの中に、将来燃やされるおよそ13kgのCO_2を半永久的に固定化するのと同じ効果が得られるのです。

プラスチックへの視線がここへきて厳しくなったのは、行き場を失った廃プラの海洋投棄が引き起こす海洋生物のマイクロプラスチック汚染問題があります。環境・社会・企業統治に配慮している企業を重視・選別して行うＥＳＧ投資が幅を利かせる時代になりました。廃プラの処理を巡り業界全体がスケープゴートにならないよう知恵を絞る必要があるでしょう。

コンクリートは成熟技術ではない

少し過去にさかのぼりますが、札幌の〝生コン戦争〟が終結し、業界に秩序を取り戻したあと、私はあることを思い出していました。私が會澤高圧コンクリートに入社して間もない1999年、〝世界の最先端〟を感じてもらおうと、技術畑の社員を何人か連れてアメリカへ視察旅行に行ったのです。シカゴやボストンにあるコンクリートメーカーの工場や研究所をいくつか訪問したのですが、そのなかの一つ、ケンブリッジ大学の研究室を引き継いだ「W・R・グレース」という会社の研究施設は圧巻でした。

電子顕微鏡がずらりと並んでいて、コンクリートの耐久性を調べる暴露試験の供試体が100年間にわたって保存されていたのです。そんな光景を見て、一人の先輩社員（Iさん）がこうつぶやいたのです。

「いつかうちも、電子顕微鏡でコンクリートを見て語り合う会社にしたいですね」

その時、私は何も言いませんでしたが、このIさんの一言は私の胸に深く刻まれました。それから約10年が経ち、會澤高圧コンクリートが進むべき道を考えたとき、ふとその一言を思い出したのです。

Iさんは札幌戦争の勝利のために推し進めてきたM&Aにより、大手セメントメーカーの直系会社から当社に移ってきたベテランの一人です。おそらく彼は、自分がコンクリートの技術者でありながら、コンクリートについて実は何も分かっていないことを自覚していたのでしょう。「無知の知」で有名なソクラテスのような男です。情熱的で瞬間湯沸かし器のような一面もありましたが、知的欲求を常に胸に秘めていたIさんにとって、アメリカ視察の旅は新しい扉を開いた瞬間だったのかもしれません。

コンクリートはJIS規格で定められた規程にしたがって造らなければならないため、作り手が創意工夫する余地は限られています。言われたことを唯々諾々とやる人間にとっては、楽で快適かもしれませんが、多少なりともイノベーションマインドをもっている人間にとっては窮屈で物足りなさも感じるでしょう。業界の慣習に染まっていたところもあり、ウップスの開発メンバーの一人に抜擢されたIさんも、すべてをゼロから見直すという私の方針に最初はずいぶん抵抗を示しました。しかし、彼は三度の飯よりコンクリートが好きな男でした。毎日深夜まで続く彼とのコンクリートを巡るさまざまな対話があったからこそ、異形のウップスは誕生したのだと思います。つまりIさんはウップスのもう一人の生みの親ともいえるのです。

Iさんは治療法が確立していない難病にかかり、ほどなく戦線を離脱することになりました。闘病むなしくすでに他界しています。私は人の死に直面し、あれだけ多くの涙を流したことはありません。葬儀会場を途中で飛び出し、車の中で絶叫したほどです。アイザワ技術研究所は、ボストンでの彼のあの一言がなかったら、今日存在していないでしょう。そして、オランダのデルフトで当社の技術力を先方に知らしめ、今日の自己治癒コンクリート誕生のきっかけともなった画期的な技術「pMp コンクリート」こそ、二十数年前、無言のうちにIさんと交わした約束から産み落とされた最初の宝物でもあるのです。

理想の水和、そして硬化制御という領域へ

基礎研究の拠点として「アイザワ技術研究所」が正式に発足したのは2009年3月のことです。ローマ時代から人間の営みを支えてきたコンクリートの歴史は約2000年に

及びます。セメントに水、骨材（砂や砂利）などを混ぜ合わせて造るコンクリートは一見シンプルで、すでに成熟技術であるように見えますが、「その本質は十分に理解されておらず、むしろ解明されていない未知の領域はたくさんある」と私は確信していました。

技術研究所の設立に当たり、私が研究員たちに与えた最初のミッションはたった一つ、「現状で考えうる世界最高のコンクリート製法を確立する」ことです。そこで着目したのが、素材のなかで最も小さな粒子である水とセメントの出会い、いわゆる水和です。水とセメントが化学反応を起こして接着剤となり、人工石を生み出すプロセスにおいて、カギを握るのが水和だと思ったのです。

セメントは水が多ければ多いほど溶くのは簡単になりますが、期待する粘性は得られません。とはいえ水が少ないと、とたんに溶くのが難しくなり、製品としては使えません。極少の一次水で数粒のセメント粒子を互いに結び付かせることができれば、非常に壊れにくい粒子の塊「一次凝集構造体」ができます。これに残りの二次水を加えても、一次凝集構造は壊れず、性状だけスラリー状に変化します。このセメントペーストを私たちはpMp（paste mix preceded）と名付けました。

簡単に説明しましたが、ツインシャフト式の通常ミキサーでは水分が足りないために団子状に固まってしまい、一次凝集構造体は絶対にできません。そこで私たちは1年間、試作を重ね、「ファウンテン」（噴水）と名付けた縦スクリュー式の特殊ミキサーを開発したのです。この製法で仕上げたコンクリートは、保水力に優れ、コンクリートの中から水が湧いてくるブリーディングの発生を大幅に抑制することができます。鉛直に深くコンクリートを打って、高さの異なるさまざまな場所で試験体のコア抜きをしても、供試体がほぼ同じ性能になることを確認できます。理想の水和がもたらす、超均質な理想のコンクリートを生み出す製法なのです。

しかし、私たちの挑戦はそれだけで終わりませんでした。組織が容易に壊れない「一次凝集構造体」の特性を最大限活かし「固まらないコンクリート」、もっと正確に言えば「硬化が開始する時間を自在にコントロールできるコンクリート」の開発を目指すことにしたのです。世間にはコンクリートが固まるのを遅らせる「凝結遅延剤」というものがありますが、通常製法のコンクリートに投入しても、その効果はせいぜい2～3時間と限定的です。ところがpMp製法で練り上げた「一次凝集構造体」そのものを遅延剤でコーティングすると水和反応を寸止めの状態で停止させることができ、固まらないまま、ペーストを長期間置いておけることを発見したのです。数日から長ければ一週間以上も、水に

輸送時間に左右されない pMp コンクリートのプラント

一度セメントが触れてできたペーストが硬化しないまま存在し続けるのです。これを pMp ペーストと呼びます。

pMp ペーストの硬化をスタートさせるには、一次凝集構造体を被膜している凝結遅延剤をなんらかの方法で破壊してあげればいいのです。実験の詳細は省きますが、ミキサー車のドラムの中に特殊ミキサーで製造した pMp ペーストをあらかじめ貯めておきます。これに骨材を投入し、ドラム回転による重力練りでゆっくりと被膜を破る方法が最適であることを私たちは発見したのです。固まらない pMp ペーストと計量済みの骨材をミキサー車のドラムに積んで目的地まで運び、使用する直前にドラムを回転させてペーストの被膜を切り、硬化を開始させれば、いつでもどこでも最終製品に仕上げられるわけです。それはいわば、すぐに固まってしまう生コンにタイマーを付けたようなものです。例えば東京から大阪まで運ぶことだってできるようになるのです。

日本では、１９９０年代末のピーク時には５０００基ものプラントが全国津々浦々に展開され、蛇口をひねれば水が出るかのごとく、潤沢に生コンが供給されていました。しかし、生コン需要の減退とプラントの老朽化を背景に、業界をあげて集約化を進めてきた結果、プラントの稼働数は３０００あまりに減少しています。この状況で「90分」という輸送時間ルールを厳格に適用すると、中山間部などに供給できないエリア、いわゆる「生コン空白域」が出てしまうのです。輸送時間に左右されないpMpであれば、どれほど遠方でも、どんな僻地であっても、いつでも〝できたて〟の生コンを手に入れられるようになります。現場におけるコンクリートの使い勝手は格段に向上し、構造体の質も確実に高まるのです。

無限の可能性を秘めた最終兵器

私たちは２０１５年に pMp の開発に成功しましたが、それから6年経った今も、この技術を実際の生コン打設現場で使用したことはありません。ひとたび解禁すれば、協同組合法のもとで保たれているコンクリート業界の秩序をぶち壊すくらいのインパクトがあるからです。威嚇には有効ですが、実際には使えない核兵器に似たところがあります。

機能と品質において、最高だと信じるに至った pMp コンクリートは、「理想の水和とは何か」という根源的な問いに向き合ったからこそ生まれたものです。こうした材料技術の追求こそ、新たなコンクリート製品や未来の建設事業モデルを生み出す原動力になると私たちは考えています。

pMp コンクリートは、２００９年にアイザワ技術研究所を設立してから取り組んできたことが初めて結実した記念碑的な成果でもあります。同時にいえることは、ウップスの経験がなければ、pMp コンクリートは間違いなく生まれていないということです。一次凝集構造を作れる特殊ミキサー開発と、ドラムによる重力練りの掛け算が、硬化時間制御型コンクリート「pMp」を生み出したことからは明らかです。

親がいなければ子は存在しないのと同じように、新たな技術は先の技術の延長上にしか生まれません。分割練りの極致であるpMpは、機械制御で材料を分割計量して重力練りをしたウップスの発展形であり、ウップスは私の父が血道をあげたＳＥＣ工法の延長線上にあるといえるのです。もっとさかのぼれば、ＳＥＣ工法の源流は創業者の祖父が取り組んだ鉄板での手練りといえるでしょう。

會澤コンクリート工業所を創業

コンクリートに大きな可能性を感じて、私の祖父である會澤芳之介は１９３５年（昭和10年）「會澤コンクリート工業所」を創業しました。11歳の時に父を亡くし、実家で母と姉と暮らしていた祖父・芳之介は、１９２８年（昭和３年）、17歳の時に兄をたよって北海道に渡りました。１９０２年（明治35年）に生まれた兄の源壽は、１９１９年（大正８年）、17歳の時に北海道に渡り、夕張郡角田（今の栗山町）にある轟土建に就職しました。その後、１９２２年（大正11年）に独立し、請負業「會澤土木建築」を創業しました。まだ石炭がエネルギーの主役だった時代です。炭鉱から石炭を輸送する夕張鉄道の敷設保線工事などを主に請け負っていたおかげで、経営は順調だったようです。源壽がサイドカー付きバイクを乗り回していたのも、ひと財産築くことができていた証でしょう。

芳之介は會澤土木建築の帳場で経理業務を行うかたわら、源壽宅隣のコンクリート工場でコンクリート作りに没頭していたようです。誰よりも早く起き、誰よりもよく働いたという芳之介は、あらゆる作業を懸命にこなすなかで、コンクリートに夢を見いだし、よりよいコンクリートを作るための研究に没頭するようになりました。その後結婚して、妻と長男を連れて見渡す限りの荒野が広がる北海道・静内に移住し、「會澤コンクリート工業所」を創業しました。

束石、コンクリート管、セメント瓦等の製造販売を手掛ける会社として産声をあげた「會澤コンクリート工業所」の経営が軌道に乗るまでは、やはり苦労も多かったようです。昼は日雇いで別の現場で働きながら、早朝4時に起き、生コンを手練りして型枠に流し込み、帰宅後は深夜12時までセメント瓦を作る生活を続けていたと聞いています。「コンクリートはこれからの日本をつくる」という信念を胸に、愚痴ひとつこぼさず働いていた祖父が遺した「コンクリートは手を掛けてやればやっただけ必ず応えてくれる」という言葉が、彼の生き様を物語っていると思います。

第二次世界大戦に兵士として出征し、戦地から無事に帰還したのち、芳之介は１９５０年に會澤コンクリート工業所を法人化し、地元の家具販売店も吸収して「静内産業」を設立しました。コンクリート製品部、建材部、土木建設部、家具建具部の四部制で社員約50人を抱える会社として再スタートを切りました。翌々年の１９５２年にはフローリング製造部を新設するなど、多角化路線を取り、社員約１００人を抱える会社にまで育てていったのです。

コンクリートの可能性に着目

會澤芳之介が創業した「静内産業」から、祖業であるコンクリート製品部を分離独立させ、現在の會澤高圧コンクリートの設立を主導したのが私の父である2代目の實です。親の期待を背負って中学から小樽で下宿して進学校に通いましたが、大学受験に失敗し、東京で浪人生活を続けていた實ですが、２年目の夏には浪人生活の継続を断念して地元に戻り、静内産業に入社しました。親に対する申し訳なさもあったのかもしれません。實は父である芳之介に土下座し、「寝ないで働く」と宣言したようです。

そんな實にとって転機となったのが、下水道に使われるコンクリート製のパイプ「ヒューム管」との出会いです。時は１９６２年、高度経済成長真っただ中で、全国各地で下水道整備が進められていた時期でした。道端に転がっていたヒューム管を何気なく石で叩いた時に、「カーン！」という小気味よい音が出たのです。それまで聞いたことのないような音からヒューム管の強度を察知した父は、コンクリートに未知の可能性を感じたといいます。

鉄板の上で練ったコンクリートを型枠に流し込み、棒でつついて固める。そして、翌日に型枠をそっと外して、乾くまで置いておく――というのが従来のコンクリートの作り方でした。一方、ヒューム管は、高速回転する型枠の中にコンクリートを流し込み、その遠心力を活用して、管の壁に層を形成していくというまったく新しい製法でした。型枠が回転する過程でコンクリートに含まれる余分な水がはじき出され、コンクリートの密着度合いも増すことが、快音の理由だったのです。

その構造や製造方法を知り、すっかりヒューム管に魅せられた父ですが、製造技術をもたないことには自社製品として提供することはできません。知恵を働かせた父は身分を隠

會澤芳之介が創業した「静内産業」

して埼玉県のヒューム管メーカーに潜り込み、3カ月間で製造技術を修得しました。そして1963年10月1日、創業の地である静内町にヒューム管工場を落成し、「會澤高圧コンクリート」を設立したのです。ヒューム管の製造を開始した翌年にはJIS規格を取得。時代の追い風を味方につけ、幸先のよいスタートを切りました。

奥深きコンクリートの世界へ

ヒューム管を通じてコンクリートの奥深さを知った父は、１９８０年、ＳＥＣ（Sand Enveloped with Cement＝セック）と呼ばれる「セメント造殻工法」と出会い、さらにその魅力にのめり込んでいきました。ＳＥＣ工法は、コンクリート製造時に、練り水を分割して投入し、湿った砂の表面にセメント粒子を絡めて「殻」を作ってから二次水を入れてコンクリートに仕上げるというものです。

砂や砂利、セメント、水といった材料を一度に練り混ぜる「一括練り」の一般的なコンクリートと違って、SEC工法は砂をセメントでしっかりとコーティングしてから練るため、組織が安定し、ブリーディング（コンクリートを打設後、表面から水分が浮き出す現象）が起こりにくいのです。料理に例えるなら、「一括練り」と「分割練り」の違いは、具材をいっぺんに入れるかバラバラに入れるかの違いです。焼き物にせよ炒め物にせよ、鍋物にせよ、具材を同じタイミングで入れるより、それぞれ適当なタイミングで入れるほうがおいしいに決まっています。コンクリートも同じで、材料を適切な順番やタイミングで入れていくほうがいいコンクリートに仕上がるのです。

父がSEC工法と出会ったのは、当時のコンクリート学会の権威であった東京大学の樋口芳朗教授からトーチカの話を聞いたことがきっかけでした。ロシア語で「点、地点」を意味するコンクリート製のトーチカは、第二次世界大戦末期に日本軍が沿岸部に造った小型の防御用陣地です。コンクリートを練る機械などない当時は、すべて手作りです。セメント、海砂、砂利などの材料を鉄板の上で手練りしてコンクリートを作るのですが、ほぼ同じ材料を使ってもすでに崩落してしまったトーチカと、当時の姿をとどめたままのトーチカがあります。その違いについて、樋口先生はこう語りました。

「(コンクリートを練る) 鉄板の上に置いた砂の湿り具合が耐久性を左右する。砂粒にセメントが付くか付かないかぐらいの湿り気にするとちょうどいいんだよ」

その話を聞いて、父はピンときたようです。さっそくSEC工法の導入に取り掛かり、1983年4月、札幌の隣町である江別の角山にSEC専用の生コンプラントを新設し、SEC生コンの製造販売を開始したのです。プラント内に上下2段のミキサーがついており、上段では湿った砂にセメント造殻させたモルタルを作り、それを下段のミキサーに落として最終の生コンに仕上げるという分割練りプラントです。SEC生コンという強力な

〝武器〟を手にして札幌圏に進出した父の戦略は大当たりでした。高品質なコンクリートを札幌協同組合で定められていた価格と同じ価格で販売したこともあり、注文が殺到したのです。

しかし、地方から札幌に出てきたばかりのアウトサイダーだった当社は、組合の秩序を乱す存在と見られたのでしょう。いよいよ工場稼働だというタイミングで、生コン業者からの苦情を受けたセメントメーカーに原料となるセメントの供給を止められてしまったのです。札幌には各セメントメーカーと資本関係にある直系工場が多かったので、当然といえば当然です。父は例外として認めさせるため「ＳＥＣ生コンは普通のコンクリートじゃない！」と言い張ったようですが、さすがに無理がありました。

いくら画期的な技術をもっていようとも、原料となるセメントの供給を止められてしまっては、元も子もありません。観念した父は他のアウトサイダー５～６社を束ねて協同組合に加入し、平等にシェアが割り振られる〝村社会〟のなかで生きていくことを決めたのです。

その後、父は当社の生コン設備の基本をＳＥＣ対応の二段式ミキサーと定め、「砂の湿潤を一定にする」という領域で特許も取得しました。ＳＥＣは品質を重視する各地域の有力生コン会社にも一部広がりましたが、全国で最も前のめりになったのはおそらく父でしょう。ＳＥＣ工法は北海道の原子力発電所である「泊発電所」の1号機にも採用されたほか、港の岸壁エプロンや自衛隊の戦車が走るコンクリート舗装道路などに使われてきました。現在でも、トンネルの吹付コンクリートの跳ね返り（リバウンド）を減らすなど、特殊な用途に使われています。

ＳＥＣコンクリートの製造には通常のコンクリートに比べて倍以上の時間が掛かるうえ、製造終了後、ミキサーを2つも洗わなければならず、不満をもつ社員も少なくなかったようです。しかし、父は「いいものをつくるためにはしょうがないだろう」という理屈で、自分の信念を貫いていました。ＪＩＳで規定されているのに、わざわざ手間の掛かる方法を選びたくないというのが本音の業界にあって、ＳＥＣに情熱を燃やした当社の姿勢は、「技術のアイザワ」というその後の評価の原点になっているともいえます。

奇しくも實が導入したＳＥＣ工法は、創業者である芳之介が鉄板で手練りしていた時代の生コン製造プロセスを機械化したものといえるのです。材料を一気に練るのではなく、先に砂の湿潤を確保してから、何度もスコップで繰り返し攪拌する。まさに「分割練り」というコアは変わっていません。私も子どもの頃、食事時に父からＳＥＣコンクリートの話をうんざりするほど聞かされましたが、父が虜になったSECコンクリートを通じて、「手を掛けてやったらやったぶんだけ応えてくれる」という創業者の魂やDNAは、三代目の私にも受け継がれていたようです。ウップスやPMPの誕生はまさにその証左といえるでしょう。

コンクリート×テクノロジー＝イノベーション

會澤家には二つの家訓があります。一つは天保8年（1837年）閏9月、当主の會澤又左衛門が天保の大飢饉を教訓に質素倹約を子孫に説いた書き物です。儒教の価値観に基づく一般的な戒めですが、「飢饉のかんなんしんく（艱難辛苦）をわすれるな」「麦、粟、稗も備蓄しろ」「葛や蕨の根も無駄にするな」といった具体的過ぎる指示が並び、なかなかに鬼気迫るものがあります。

もう一つは創業者の會澤芳之介による口伝で、「コンクリート以外のことはやるな」というものです。事業に関わる実にシンプルな口伝なので受け止め方はさまざまですが、私にとっては「これぞ北極星！」といってもいい重要な視座を与えてくれています。この家訓に従えば、いわゆる多角化経営はできません。今はやりのM&Aなどによる事業ポートフォリオの入れ替えもできません。やれることは、コンクリートの世界を深く掘り進んでいくか、コンクリートに関係する世界を横へと広げていくことです。

世の中、右を見ても左を見てもＤＸ（デジタルトランスフォーメーション）ばやりです。テクノロジーをどのように経営に活かすべきか、すべての経営者が日々思い悩んでいることでしょう。少し前には「選択と集中」がもてはやされ、やみくもに進めた結果、企業の足腰そのものを脆弱にしてしまったケースもあります。しかし、私は創業者が残してくれたこの家訓のおかげで、変に思い悩んだり、ぶれたりすることがないのです。

例えば、今はさまざまなテクノロジーが勃興している時代です。イノベーションはテクノロジーとテクノロジーを結合させたり、掛け算したりすることで生まれます。Ａ×Ｂを掛け算する場合、当社は少なくとも「Ａはコンクリート」と決まっています。例えば、本章の冒頭で取り上げたBasilisk はコンクリート×バイオテクノロジーから生まれた成果です。

ウップスはコンクリート×ＩＴを徹底して実践することで生まれました。携帯電話にネットがつながった誕生したてのｉモードを当時日本で最初に産業利用し、ミキサー車両を動く工場にしてＧＰＳや車載センサーを駆使して動態管理を自動化させました。20年以上も前にＩｏＴを実践していたのです。事業モデルの変態の幅が著しいという評価を受け、創業の翌年、日経コンピュータの情報システム大賞「グランプリ」を受賞、さらには米ペンシルベニア大学ウォートン校の「トランスフォーメーションアワード」にもノミネートされ、クオリファイヤーになりました。

私は今、このようなコンクリートとテクノロジーの掛け算のスピードをさらに加速させて、新たな結合から生まれる価値創造のレベルを引き上げようとしています。その手始めとして取り組んでいるのが、ドローンの開発です。

コンクリート×ドローン

「どうしてコンクリート会社がドローンを独自開発しているのですか」とよく聞かれます。答えは「液体タイプの自己治癒型補修剤を無人で吹付施工したいから」です。当社が最初にドローンを経営課題の俎上に乗せたのは、自己治癒コンクリート技術から派生した液体補修剤も、機械施工という新たな方法を同時に開発しないと本格的に普及させるのは難しいと感じたからです。バクテリアが自動で補修してくれるせっかくのスマートな液体補修剤を、人間がいちいち出向いてスプレーを吹くことに強い違和感を覚えたからでもあります。

世界中のコンクリート構造物のなかで経年劣化しないものはなく、そのメンテナンスにどの国も膨大な費用を投じていますが、おそらくその大半は人件費でしょう。ドローンが補修剤を抱えて現地に飛来し、コンクリート構造物の表面にスプレーガンで自己治癒剤を吹付けて戻ってくる。これを定期的に繰り返すメンテ手法を確立できれば、完全機械式インフラメンテという新しい産業の扉が開くと考えたのです。しかし、ことはそう簡単ではありませんでした。２０１０年代半ば頃から「空の産業革命」を起こす旗手として期待されてきたドローンですが、私自身、その実態を知れば知るほど、不満を感じずにはいられなかったのです。

飛行時間が最長でも15分程度、バッテリーの交換に手間が掛かるうえに、人がプロポ（送信機）を操縦する一般的なドローンは、率直に言って〝おもちゃ〟です。むろんそれはそれで一定の需要があるので否定するつもりはありませんが、その多くはラジコンや模型の延長であり、産業用機械としてはまるで機能しないのです。補修材を施工できそうな

ドローンを格納するポートは4トントラックの荷台よりやや小さめのサイズ

ドローンはどこを探してもありませんでした。そこで手を組んだのが、ＭＩＴ発の無人航空機ベンチャーTop Flight Technologies（以下、ＴＦＴ）社です。２０１４年に創業したＴＦＴ社は、〝空飛ぶクルマ〟の実現を掲げ、ドローンの研究開発と運用を進めていました。私たちが同社と出会った２０１８年当時、すでに「４kgの荷物を載せた状態でも、２時間以上飛び続けられる」という強みをもつドローンを開発し、ガソリンと電気のハイブリッドシステムの特許を多数保有していました。

本格的な産業用ドローンを求める当社にとって、積載量が大きく、長期間飛行が可能なドローンを開発できる彼らの技術は魅力的でした。私たちとの共同開発を足掛かりに本格的な日本進出を目指す彼らの思惑と一致し、２０１９年６月には提携を結びました。その後半年間かけて、約10kgの荷物を載せた状態で約1時間飛び続けられる機体を二機プロトタイピングし、さあこれから、という矢先のことでした。突然ＣＥＯのロン・ファンから連絡が入り、コロナ禍の影響もあって資金調達に失敗した、当面活動を休眠(Hibernation)せざるを得なくなった、というのです。

しかし独自の機体開発を諦めるつもりなど微塵もなかった私は、コロナ禍のなかでシカゴに急遽法人を設立し、レイオフされたＴＦＴの一部技術者を受け入れる一方、日本で開発をともにやれそうなエンジニアを探し、なんとか態勢を立て直そうとしていました。そうしたなか、スズキでハヤブサを設計した荒瀬国男と出会い、１００kg近い荷物を持って10時間ほども飛び続けられる産業用機体の開発を進めていることは序章でも触れたとおりです。ＴＦＴの〝休眠〟という想定外の事態に直面してもなお、私がエンジンドローンにこだわったのは、ＴＦＴのＣＥＯロン・ファンの師匠であるＭＩＴ副学長のサンジェイ・サーマ教授（機械工学）の言葉があったからです。

ある日、ボストンのレストランでサンジェイと食事したのち、彼は私をホテルまで送ると言いだしました。彼の車はＥＶのテスラでした。車の助手席に乗り込んだあと、私はあえてこう問うてみたのです。

「サンジェイ。バッテリーがエンジンを超える日は来るだろうか?」

「ない。エネルギー密度が違い過ぎる。50年、100年先は分からないが、我々が生きている間にはないな」と彼は言い切ったのです。

荒瀬と初めて会った時にも同じ議論をし、彼はサンジェイと寸分違わぬ見解をより理論的に示してくれました。私にとって、実はこれが彼と組む決定打になったのです。

「出来合いの機体に既存の二輪エンジンを載せるんじゃない。世界一の二輪エンジン技術をドローン用に進化させる。デカいのに空中でピタッと静止し続けるすごいヤツね」

「エンジンから四本の腕がニョキっと飛び出して、エンジン直動で4つのローターを回すようなイメージ。大型二輪エンジンがトランスフォーム(変態)する感じがいい」

二人のこうした対話から、エンジンそのものを新たに設計し生まれたのがAZ-500です。既成の部品を調達してきて組み立てるだけの〝開発〟とは次元の異なる、エンジンドローンの分野では世界初といえる本物のすり合わせ型開発です。エンジン自体は「國男」と名付けました。〝空飛ぶエンジン〟で世界一を目指す、ニッポン男児の気概を示すためです。

コンクリート×3Dプリンター

速乾性の特殊なコンクリート系マテリアルを産業ロボットアームで印刷するように積層して三次元の構造物を作るコンクリート3Dプリンターの技術を、当社は日本でいち早く展開し始めました。そのきっかけをつくってくれたのも、実はデルフト工科大の自己治癒コンクリートの開発チームでした。私が積層造形に強い興味を抱いていることを知り、地元オランダの片田舎にあるCybe Constructionを紹介してくれたのです。

CEOのベリーは伝統的な地元建設会社の三代目です。ほかにも数社、コンクリート系3Dプリンターに挑戦している会社に会いましたが、私はベリーをパートナーに選びました。技術の中身というより「コンクリート3Dプリンターで建築を〝再定義〟する」というベリーが掲げるミッションの明確さと熱い想いが私の心をとらえたからです。コンクリート3Dプリンターは、速乾性のセメント系材料というマテリアル技術、その材料を連続して印刷（積層）するロボットアーム、そしてデザインどおりにアームを動かすロボット制御プログラムの3つで構成されます。型枠に素材を流してモノをキャスティングするというのがものづくりの基本ですが、３Ｄプリンターは型枠（金型）なしで三次元のものを積層（印刷）します。つまりコンクリートメーカーが型枠から解放されるのです。

Cybeが時代の先陣を切れたのは、固有の技術をもっていたからではありません。次の時代へのコンセプトを明確に掲げ、材料ならフランスのラファージュ、アームロボットはスイスのＡＢＢ、制御はシステムベンダーと、さまざまな会社と組んで要素技術を結合させ、次の時代における新たな価値を示したからなのです。

建築は設計から、部材の製造、調達、物流、施工、検査まで長い業務フローが続く世界です。ＰＣ上でデザインしたデータをロボットに送れば、現場のロボットが型枠なしで構造物を積層するのですから、従来の建築プロセスは大幅に簡素化されます。それどころか、仮にプリンターを最寄りの場所に多数展開すれば、工場で部材を製造して現場に運ぶという制約からも解放され、空間をも飛び越えるのです。低炭素、脱炭素の時代で、ものを運ばず、データだけ送って建物を建てる。「再定義」などという大仰な言葉をベリーが使うのは、３Ｄプリンターがもつ破壊的なポテンシャルを理解しているからなのです。

ベリーとの出会いで私たちは数年前まで手付かずだった３Ｄプリンターの技術分野を一気にキャッチアップし、今ではCybeの抱える課題を改善しようと速乾材料の独自開発や新たなノズル制御方法の開発なども進めています。ロボットの腕が届く範囲の積層という物理的制約から自由になるため、アームロボットをレールで移動させる方法も導入します。ですが、私たちは今、より自由な印刷を実現するために異次元のステージへ挑もうとしています。それは、「空飛ぶコンクリート3Dプリンター」の開発です。

この構想には、重い荷物を持ち上げ、空中で安定して何時間も飛び続けられる産業用途の大型エンジンドローンが欠かせません。バッテリー駆動のドローンに比べ、エネルギー密度の圧倒的な差を見せつける国産500cc級二輪エンジンの進化系、文字どおりの〝空飛ぶ建機〟が重たいセメント系速乾材料を抱えて何機も連携して飛び、最新鋭のノズルから材料を抽出してデジタルで描かれた設計図通りに空中で積層をし続けるのです。

ふわっとした夢を追い掛けているのではありません。コンクリート3Dプリンター分野での最終勝利は、コンクリートメーカーの生き残りにとって絶対に譲れないものなのです。「コンクリート3Dプリンターはまもなく、空を飛び、塔を印刷する!」。次なるゴールを、私たちはこのように表現しています。

コンクリート×衛星

記録的豪雨、ゲリラ豪雨が頻発している昨今、猛威を振るう自然の前で人は無力であることを実感することが増えています。２０１１年3月に起きた東日本大震災により、宮城県や福島県の沿岸部が津波による甚大な被害を受けたことは記憶に新しいところです。

しかも日本は現在、大地震が集中して発生する「地震活動期」に突入しており、北海道・東北沖で起こり得る超巨大地震（Ｍ９クラス）や今後30年内の発生確率が70～80％とされる南海トラフでの超巨大地震（Ｍ８からＭ９クラス）の対策は、国家的課題となっています。この大地震を想定し、安全を確保できる高台にまで間に合わない場合に備えて、津波避難タワー等のハード面の整備が進められています。

個人にとって意味のある適切な情報をリアルタイムに提供することにより、河川の氾濫や津波によって人命が失われる被害を未然に防ぐ、あるいは最小限にとどめることはできるはずです。現行の防災システムが十分に機能していない根本的な要因は、「洪水警報や津波警報が出されても、対象となる範囲が広く、自分事として受け止められないため、避難行動になかなか結び付かない」ところにあると私は考えています。

この問題を解決するうえで肝となるのが、「可能な限り、個々の状況に合わせた警報を届けること」です。大地震が発生した直後に、最寄りの海岸の上空からライブ映像がスマホに流れてきたらどうでしょう。津波が押し寄せて来る状況が手に取るように分かり、大川小学校のような悲劇は起きなかったはずです。仮に「あなたの今いる場所は、○時間後、○センチまで水に浸かる」という明確な情報をスマホで受け取ることができれば、人の行動は劇的に変わるはずです。

私たちが福島県浪江町と政策連携協定を結び、RESTEC（一般社団法人リモートセンシング技術センター）などと開発を進めている防災支援システム「The Guardian」はまさに、地球観測衛星から得られる川幅の経時変化の画像データに、気象衛星の降雨予測データ、地表を詳細にデジタル化した三次元データを組み合わせることで、時間と場所をピンポイントで特定したパーソナルな豪雨災害警報を提供するものです。

このシステムに、地震発生の信号を検知した瞬間、海岸線にあらかじめ設置されたポートから飛び立ち、海岸の映像を最大10時間中継し続けるエンジンドローンを組み合わせれば、津波と河川の統合型防災支援システムが完成します。鳥の目で海の状況を把握できれば、いち早く避難する動機付けになるはずです。

２０１８年９月６日に発生した北海道の胆振東部地震で、当社の鵡川工場は大きな打撃を受けましたが、あの日、震源地に近い厚真火力発電所が止まり、北海道全域がブラックアウトになったショックのほうが大きかったと思います。地震発生時、大分県に出張していた私は、千歳空港が閉鎖となったため、羽田を経由し夜に函館空港へと向かいました。飛行機の窓から、夜景が完全に消えた函館の町を見て戦慄したのを今でも鮮明に覚えています。大型の災害が発生した場合、電気は使えなくなることが多いのです。こうした緊急時こそ、真価を発揮するのがエンジンといえます。

世界的に「脱炭素」が合言葉のようになり、エンジンで飛ぶドローンなんて時代に逆行しているのでは、という見方もあるかもしれませんが、実はその指摘は当たりません。低燃費のエンジンドローンは、燃料をがぶ飲みするヘリコプターが現状担っている多くの仕事を代替できるため、ヘリ代替として普及すればするほど低炭素化を進めることになるからです。現在、産業用ヘリコプターが活用されている農薬散布などの分野でエンジンドローンが活躍できるようになれば、CO_2等の排出量を劇的に減らせるのはもちろん、コストも削減できるはずです。

コンクリート×風力&水素

エネルギーは国の根幹です。私は決して原発廃止論者ではありませんが、福島第一原発の事故を経験したわが国で原発を再稼働させるのはもはや至難の業だとみています。座礁資産になりかかっている原発や火力に精力を注ぐより、風力など再生可能エネルギー由来の電源で「グリーン水素」を大量に製造し、それを使いこなす社会を具体的に構想し直ちに動くべきだと思います。

政府は2030年までの目標として、水素使用量300万トン、コスト30円／N㎥を掲げています。この山を登るコースはいくつもありそうですが、私たちは最もハイパフォーマンスな風力発電と、最もハイパフォーマンスな水素製造法を組み合わせた〝シン・エネルギー〟を生み出すべきだと考えます。

高さ80mの鋼製の陸上風力タワーを40m程度嵩上げして120m級にできれば、受ける風を1・1倍に増やすことができます。さらに直径160mの大型ブレード・ナセルが搭載可能となるため、風速の増加とブレード面積の増加で風車一本あたりの発電量はなんと

4倍にまで増えるのです。

風力発電が次代のベースロード電源として注目されるなか、私たちはプレストレストコンクリート（PC）の技術を応用して、陸上風車の発電能力のハイパフォーマンス化に挑戦しています。標準部材のパネルをPCで連結してPCタワーを構築、その上に既存の鋼製タワーを乗せて嵩上げする世界にない鉄とコンクリートのハイブリッドタワー工法「VT」（風の塔を意味するラテン語 Ventus Turris のイニシャル）です。

そもそも風力発電には陸上、洋上の2種類あり、洋上はさらに水深50m以下の浅瀬に設置する着床式風力発電所と200m以内の深さの近海に設置する浮体式洋上風力発電所に区別されます。遠浅の海が多いヨーロッパでは着床式が多く、遠浅の海が少ない日本では浮体式が主流になるといわれています。欧州に比べて風が弱い日本では、政府がよい風が吹く洋上風力へと舵を切り、強気の整備計画を掲げていますが、ことはそう簡単ではありません。特に浮体式の建設工法が十分に確立しておらず、また海からの送電線の敷設、洋上でのメンテナンス、台風対策、はては漁業権との調整など課題をあげればきりがありません。

VTのような大型の陸上風力に道を拓くテクノロジーがあれば、これまで風況が悪くて投資対象から外れた地域でも陸上風車の建設が視野に入ってきます。私たちは、洋上での風力タワー整備のハードルの高さがいずれ露呈し、陸上風力が改めて見直されるときが来ると踏んでいるのです。

一方で水素については、技術協議を行っている米ヒューストンのベンチャー企業SYZYGY Plasmonics Inc.と提携し、日本市場向けにモジュール式のコンテナ型水素製造システムを開発しています。光触媒とＬＥＤを利用した彼らの水素リアクターにより、より安全で最もコスト効率の高い水素輸送方法であるアンモニアを使用し、水電解に比べて5分の1のエネルギーで燃料電池グレードの水素を製造することができます。

輸送のために荷姿をいったんアンモニアに変換し、使用する直前に水素に戻して自動車などに使う方法です。二つの異質なテクノロジーの組み合わせで、今までにない超ハイパフォーマンスな発電システムを構築できるかもしれません。〝シン・エネルギー〟を生み出すのは、いつも人間の夢見る力だと思います。

コンクリート×ＡＩ

かつて「ものづくり大国」と呼ばれ、その繊細な技術力を高く評価されていた日本が、中国やアメリカ、ヨーロッパに遅れを取り始めたのは、大量生産・大量消費の次の段階として、標準化した部品を組み合わせて製品を設計するモジュール化の流れが出てきたことと軌を一にしています。

元来、自動車産業を筆頭に、製品全体での最適設計をすることで性能を発揮するすり合わせ型を得意としてきた日本は、価格競争力を失うとともに、世界市場での存在感が薄れつつあります。新幹線の流線型の車体などは「すり合わせ型」の代表格ですが、金型に材料を流し込む方法では絶対に実現できない品質のものづくりを人の手で担っています。

京都が大好きだったApple創業者のスティーブ・ジョブズは、部分と全体が調和している日本文化をヒントにiPhoneやMacのフォルムを生み出し、世界のデファクト・スタンダードになったのだといわれています。むろんモジュールで成り立つものもたくさんありますが、底が浅いので、ほどなく寿命を迎えるでしょう。そう、すり合わせは究極の

「美」なのです。

実はコンクリートもすり合わせ型商品の一つです。セメントはロットごとに成分が違いますし、砂利や砂などの骨材もふたつとして同じものはありません。しかも、セメントと骨材を混ぜ合わせるときの温度や湿度といった環境条件も違えば、ミキサーの撹拌によって掛かる負荷も違います。つまり、一切の再現性がない商品を工業製品として管理しているのです。

また、Aさん、Bさん、Cさんが同じ原料を使って、同じタイミングでコンクリートを作っても、品質には必ずばらつきが出ます。JIS規格という〝合格点〟をクリアしていたとしても、打ち上がったコンクリートの肌にその差が現れます。創業者である私の祖父は「コンクリートは手を掛けてやればやっただけ必ず応えてくれる」という言葉を遺していますが、コンクリートには作り手の精神や生き様が投影されるのです。当社の工場で働いているプラントマンのなかには、「コックピットに入る前に必ず自分の顔を見て気持ちを整えている」人もいます。

さらにいえば、〝生き物〟であるコンクリートは現場に打設して固まったときに完成するものではありません。建物として使われるようになってからも水とセメントによる水和反応が進んでいるので、70～80年かけてようやく完成を迎えます。つまり、「育てる素材」という面白さもあるのです。

そんなコンクリートとの親和性が高いと考えているのがＡＩです。コンクリートがどう経年変化していくかはこれまで定量化できなかったのですが、ＡＩによって将来起こり得る事態を予測できるようになるでしょう。

当社では２０２１年１月、ＡＩを用いた生コンの品質判定技術の開発に成功し、試験運用を始めています。ディープラーニング（深層学習）を利用して、生コンのスランプ（軟らかさや流動性）を判定するシステムです。画像データによるスランプ判定正解率は99％以上です。どれだけ経験を積んだベテランエンジニアであっても、コンクリートの表面を見ただけではその品質を見分けることはできません。どちらがより正確に判別できるか、「ＡＩと人間を戦わせる」というYouTube企画をやったところ、人間がＡＩに完敗するという結果になりました。

しかもＡＩの場合、画像のディープラーニングにより、データを蓄積すればするほど〝目が肥えて〟、精度は高まっていきます。その制度が99・９％に達すれば、ものづくりは自動化できるでしょう。これまで人間がやっていたすり合わせをすべてＡＩが代替してくれるので、エンジニアが従前のように技術者魂を発揮する機会は失われます。

しかし、これは悲観すべきことではありません。その理由の一つは、ＡＩにも限界はあるからです。ＡＩはデータから結果を予測することはできますが、その理由を説明することはできないのです。よってＡＩを改善、アップデートする役割は、引き続き人間が担う必要があります。私たちはその仕事を自律型次世代コンクリートエンジニアリングシステム、通称ＡＩＣＥ＝AI Concrete Engineerと呼んでいますが、自分たちの技術を再現するシステムを開発することがエンジニアの仕事になるのです。今回開発した生コンの品質判定技術は、ＡＩＣＥの頭脳部に相当します。画像データが欠落するような過酷な使用環境でも、スランプの判定を安定的に行えるよう、画像と音響のデータを補完し合いながら使用できるのが特徴です。

長期的に見れば、いずれこのシステムが完成すると、これまで１００人のエンジニアが必要だった業務を５人でやれるようになるでしょう。20世紀型の製造モデルは過去の遺物となり、コンクリートという名のデータ産業に生まれ変わるはずです。とかく「ＡＩは人間の仕事を奪う」という論調で敵視されがちですが、その見方はある面では正しく、ある面では間違いだと私は思っています。確かに「コンクリートの製造」という業務においては、人間の仕事をＡＩが代替するわけですから、ＡＩに雇用を奪われることに間違いありません。しかし、それは企業や社会の新陳代謝の一環だととらえると、自然ななりゆきであり、新しい仕事が生まれるチャンスだともいえます。テクノロジーが日進月歩で進化し続けている以上、その変化に取り残されるほうが危険でしょう。

これからのエンジニアの仕事は、いわば翻訳家が自分で自動翻訳ソフトを作るようなものです。一見すると翻訳家の仕事は失われそうに思えますが、ソフトが仕上げた原稿に人間が調整を加えることで品質を担保しながら、味気ない文章に温度感を与えることができます。

つまり、人間が人間にしかできない仕事に集中できるように、そして人間が人間らしく生きられるようにバックアップするのがＡＩの役割なのです。ＡＩを腫れ物扱いするのではなく、ＡＩとどう共存していくかという視点がこれからの時代に求められるようになると思います。

研究開発型生産拠点「ＲＤＭ」福島県浪江町に建設

北海道を拠点に事業を展開してきた当社は、北海道内のプレキャストコンクリート業界でシェア№１、生コン業界やパイル業界でもシェア№１を維持しています。しかしながら、北海道のＧＤＰは日本全体の５％を切っており、それほど伸びしろはありません。当社ではすでに宮城県に１工場、茨城県に２工場、最西の営業所として岐阜県大垣市に構えていますが、自己治癒コンクリートなどのスマートマテリアルを軸にしたイノベーションを仕掛けていくには本州に中核拠点をおき、マーケットが大きい関東圏などへ重心を移していく必要があります。

こうしたなか、東日本大震災で甚大な被害を受けた福島県が画期的な取り組みを進めているという情報が入ってきました。津波や原発事故の影響をもろに受けた浜通り地域が「福島イノベーション・コースト構想」を掲げていると知ったのです。

その構想は、東日本大震災や原発事故によって失われた地域を回復するため、地域に新たな産業基盤を構築しようとする国家プロジェクトです。産業集積や人材育成、交流人口の拡大等を目的に、廃炉、ロボット、エネルギー、農林水産等、生活と文化を形づくるさまざまな分野のプロジェクトが同時並行的に進められています。焼け野原から発展を遂げていった戦後の日本のように、ゼロから再スタートを切り、「最先端の技術や研究を通して、新たな産業や雇用が生まれる」地域に生まれ変わろうとしているのです。

当社はこの構想の一翼を担おうと福島県浪江町への進出を決定し、２０２１年8月24日、浪江町庁舎において、研究（Research）、開発（Development）、生産（Manufacturing）の三つの機能を備えた次世代中核施設「福島ＲＤＭセンター」の建設と官民協力によるイノベーション共創の推進をうたった包括的な立地基本協定を浪江町と締結しました。施設の総工費は30億円です。浜通りでも最大規模の企業進出となるため、記者会見には多くのメディアが訪れました。

浪江町は、原子力に代わる新たなエネルギーとして水素を復興の柱に据えています。次世代のクリーンエネルギーといわれる水素は、CO_2を排出しないことに加えて、大量の長期保管や長距離輸送もできるというメリットがあります。同町では、２０２０年2月に世界最大級の水素製造装置を備える「福島水素エネルギー研究フィールド」が完成し、稼働を開始しました。再生可能エネルギーで水を電気分解して水素を製造しています。

そんな浪江町で、私たちはものづくりの心臓部となる新しい拠点「ＲＤＭ」の建設に向けて準備を進めています。研究開発部門と製造部門を一体化し、３Ｄプリンターの大がかりな試験運用設備やエンジンドローンの組立ラインや耐久試験棟なども備えています。新しい産業モデルが生まれやすいオープンな環境を整えるとともに、研究者を中心とした雇用を生み出したいのです。浪江町の隣の南相馬には、ロボットテストフィールドが整備されていることも私たちにとっては好都合でした。ＲＤＭは２０２１年11月の着工、２０２３年４月の操業開始を予定しています。

このプロジェクトは、福島を復興させたい自治体や国と、当社のテクノロジーのショーケースにもなるフラッグシップ施設が欲しかった私たちの思惑が一致した形です。国の補助金制度「自立・帰還支援雇用創出企業立地補助金」を最大限活用すれば、「総工費およそ30億円のうち最大で２／３の助成金が出る」という好条件が魅力だったことも確かです。

それだけ待遇がよいのも、ひとえに企業がなかなか集まらないからです。町の主要エリアは除染も完了し、安全なレベルまで放射線量は低下していますが、それでもためらうのが人情でしょう。まさに何もないところからまちづくりを行う取り組みですが、逆にいうと、真っ白なキャンバスに絵を描いていくように思い切ったことができるという面白さが

浪江町に建設する「福島RDMセンター」の完成イメージ図

あります。大学を誘致し、職住近接の学術研究都市をつくる構想も進められています。
ありがたいことに浪江町は非常に協力的で、手取り足取りサポートしながら、私たちが望んだ以上に広く、かつ一番条件のいい土地を提供してくれました。あれだけの出来事があってもなお地元に残ることを選択した自治体の職員は、覚悟が違います。彼ら彼女らはよく「塗炭の苦しみ」という表現を使いますが、「なにがなんでもまちを再生させよう」という気概をもった人が特に若手職員には多い印象です。ゆえに私たち誘致企業に対しても、「歓迎ムード」どころではありません。もはや一蓮托生といった感覚で多大な期待を寄せていることがひしひしと伝わってくるのです。
未曾有のカタストロフィーを乗り越えようとす

る彼ら彼女らの思いの強さにほだされた部分もありますが、ビジネスの世界だって明日への確かな羅針盤などどこにも存在しない不透明な時代です。協定調印式では「我々がこれまで培ってきたテクノロジーを社会実装するフィールドとして浪江町を位置づけ、ともに未来をゼロからつくり上げていきたい」と抱負を語りました。膨大な量の申請書を書いた甲斐あって、ビジョンが評価された当社は、2／3の助成金を得た初の事例になりました。数年間の会計監査や雇用の義務はありますが、工場の建設費30億円のうち自己負担が10億円で済むのは幸運です。

自己治癒材料の製造、空飛ぶ3Dプリンターの開発、風力発電VTにデジタルツインを使ったPC建築事業モデルの開発……。そのほか河川津波防災支援システムや水素リアクターの実装など、当社にとって、浪江町のRDMはありとあらゆる技術的チャレンジをする総本山になるでしょう。

文明とはコンクリートである

2009年、民主党政権が掲げた「コンクリートから人へ」というスローガンはコンクリート業界へのネガティブなイメージを国民に植え付けましたが、コンクリートは本来、人が生きていくうえでは欠かせない、人の暮らしを守る材料です。道路、鉄道、住宅、ビル、橋……。日常生活において、コンクリートを目にしない日はないでしょう。コンクリートは電気やガス、水道に匹敵する「インフラ」ともいえるのは、材料コストが安く、自由な設計が可能であり、耐震性、耐火性、耐久性に優れているからです。

人類の歴史上、類を見ない一大帝国を築き上げ、数百年以上にわたり、維持・発展させてきた古代ローマは、コンクリートが文明の発展には欠かせないことを証明しています。帝国の支配力の源泉となったのが、のちに「すべての道はローマに通ず」という格言が生まれるほど膨大で緻密な道路網です。領土拡大を目指す歴代の皇帝によって進められた大規模なインフラ整備は、コンクリートという革新的な材料と合理的、効率的な量産体制を整えることで成し遂げられた一大事業だったのです。

また、今日のコンクリートの原形をつくったのもローマ人だとされています。水1、石灰2、ポッツォラーナ（火山灰）4の割合で混ぜ合わせた〝モルタル〟に、砕石や砂利を投入して練り混ぜ、建物の構造材として活用したその施工技術は現代でも十分通用するものだといわれています。

1章で述べたように、1998年に私が家業である會澤高圧コンクリートに入社したとき、札幌の生コン業界は危機的状況に陥っていました。この業界に先はあるのか、不安と恐怖に襲われましたが、ほどなく気持ちは変わりました。コンクリートは、差別化が難しいコモディティーである一方で、人間が人間らしく文明的な暮らしを営むうえで欠かせない社会基盤そのものなのです。コンクリートは、ある日突然世の中から必要とされなくなることはありません。事実として、一人の人間が生きていくために必要なコンクリートは、発展途上国では1㎥/年、先進国では0・6~0・8㎥/年だといわれています。

コンクリートの歴史をさかのぼれば、ローマ帝国の繁栄を支えた時代から2000年もの長きにわたり生き残ってきた素材です。それだけに、この先わずか20~30年で消えてしまうことは到底考えられません。本質的に安定した底堅い商材であると気づくのと同時に、この事業を選んで創業した祖父を改めて尊敬するばかりです。

文明とはコンクリートである――。私は私のやり方で、これからも文明の進歩に貢献していきたいと思います。

第3章

老舗だからこそ〝最先端〟を取り入れる
生き残るために進化を止めるな

思い切った改革を推進

會澤高圧コンクリートに入社した時に感じたのは、ぬるい組織だなということでした。夕方5時になったら、皆がそそくさと帰り支度をするような状況が、生き馬の目を抜くメディアの世界で生きてきた私にはどうしても解せなかったのです。「仕事は17時から」だと思っていた私は、当社の企業風土にカルチャーショックを受けました。苛立ちまじりに「おかしくねぇか？　仕事は17時からやるもんだろ?」と、思わず口をついて出たほどです。

また、売上や利益などの数字がまったく見えないことにも問題意識を感じました。しかもそれが一般社員に限らず、経営幹部ですら自社の経営状況を正確に把握していないという由々しき事態だったのです。各部門の業績推移を把握するための管理資料が作成されていないからか、どの部署も前例踏襲主義に陥っていました。役員会にも資料が用意されておらず、情報交換と称したおしゃべりがだらだらと続き、昼になると役員室に寿司折が運ばれ、皆で仲良く堪能する、という状態です。「なんとも牧歌的でいい会社だなぁ」とある役員にチクリと嫌味を言ったこともあります。

当時、札幌では〝戦争〟の狼煙が上がっていましたが、当社は高度経済成長期の蓄えがあったおかげで、良くも悪くも〝ゆとり〟があったのです。だからこそM&Aやウップス事業への投資もできたわけですが、コンクリート製品を作れば、右から左に売れたという時代はとうに過ぎ去っていました。それにもかかわらず、右肩上がりの成長が続いていた時代の感覚から抜け出せていませんでした。

父の周りに陣取る古参役員たち、通称「七奉行」が決して能力が劣っていたわけではありません。営業、生産、管理そのすべてにおいて父とともに成長して会社をリードし、外に行けば業界人らとパワーゲームを繰り広げる、皆ひとかどの人物だったと思います。ただ、いくら優秀でも昭和にどっぷり浸かった彼らは父を支えたキャビネットです。オヤジの服がちゃんと着られないのと一緒で、私が彼らに交じって一緒に仕事をするのはやはり無理がありました。

1日も早く自分が操縦桿を握って会社のスタイルを自分流にモデルチェンジしたい。それには同志が必要です。私は入社後ほどなく、会社の現状に不満をもっていそうな若手社員に声を掛け、一緒に酒を飲みながら「会社を作り変えよう」と口説き、〝反乱分子〟を増やしていったのです。入社2カ月後には、彼らとともに「業務改革ワーキンググループ」（WG）という〝結社〟を発足しました。

私が入社した頃は、自分の意見を自由に言えない雰囲気が社内に充満していたこともあり、若い社員に覇気がありませんでした。「次世代に向けた建設的なプランを役員会に出して了解を取り付けよう」と投げかけても、誰も首を縦に振りません。よく聞くと「何かを提案しても実現したためしがないから」という悲しい答え。そこで私は「WGが起草した一言一句が経営の改革に直接結びつくように約束を取り付けてくるから」と皆に宣言したのです。

翌月の役員会で経営企画室長だった私は、「WGが来年度に向けた経営改革プランを冬場に一気にまとめる。若手のエースたちが真剣に考えるから3月の役員会でこれを丸呑みしてほしい」と訴えたのです。役員会のゆるい雰囲気は前述のとおりで、ろくに議論も質問もないまま、経営企画室の提案はあっさりと了承されたのです。

この日を境にWGのメンバーの目の色が変わりました。「我々の書いたリポートで次年度から経営の仕組みが変わる。これは革命だ！」。私たちは約2カ月かけて100ページにわたる文書を作成し、予定どおり3月の役員会に上程し、約束どおり、計画は丸呑みされたのです。

最大の改革ポイントは取締役と経営執行の分業を明確化する「執行役員制度」の導入です。狙いはひとつ。経営執行者をオフィサーズとして新規に任命し、今の役員から実質的な経営権を奪い取ることです。アメリカの企業ではすでに一般的でしたが、日本では1997年にソニーが初めて導入したばかりで、制度自体、ほとんど知られていなかった時代です。

役員会で私はリポートを配りながら、戸惑いの色を見せる役員らにこう告げました。

「皆さんディレクターズ（取締役）は、私たちオフィサーズ（執行役員）がやったことをチェック、監督してくれればいいのです。監督と執行を明確に分ける。これが新しい時代のガバナンスなんです」

それっぽく聞こえるように英語をなるだけ多用し、煙に巻いてしまったようなものでした。それまで「総務部長付」だった私が経営執行会議議長（CEO）とトップに就任し、WGのメンバーを中心に7～8人の執行役員が任命され、若手を中心に社内改革を成し遂げようという気運が一気に高まったのです。

せっかく灯った火を消すわけにはいきません。ほどなく私は、当時、京セラの名誉会長を務めていた稲盛和夫氏の「アメーバ経営」の導入に向けて動き始めました。既得権者への強烈な反骨精神を胸に、第二電電を創業した〝異端児〟として、氏のことは以前から知っていました。京セラではまだ企業向けの経営コンサルティングを始めたばかりでしたが、フィーを払えばアメーバ経営を導入できると聞き、アメーバの生みの親である森田直行氏らに連絡を取り、

「京セラさんの飛躍的な成長の秘訣であるアメーバ経営を弊社にも導入したいのです」と熱く訴えたのです。

後日、コンサルティング部門の担当役員が苫小牧の本社を訪れ、手渡された見積もりを見てびっくりしました。正直、おいそれと払える金額ではなかったのです。

「ベンチャーだったうちが今日の急成長を遂げた経営システムですよ。安いもんです」

しかし、やすやすと引き下がるつもりはなかった私は、当社の株式の持ち分を一部譲渡受けしてもらい多額の導入経費を下げることを思いついたのです。

高い安いの話をしたのではありません。「およそコンサルティングと名の付くもの。導入しても水が手からこぼれ落ちるように定着せず消えてなくなることがよくある。私は京セラさんに伝授する側の責任を自覚してほしいし、私たちとしてもアメーバ経営を文字ど

り血肉にできる」と出資の意味を説いたのです。

この提案が後日承諾され、当社は京セラのアメーバコンサル会社を相手に第三者割当増資を実施し、ほんの数％ですが京セラグループと血を分けて、導入経費を大幅に圧縮したのです。後にも先にも京セラグループがコンサル対象の会社の株をもったケースはほかにないそうです。

企業の人員を6～7人の小集団（アメーバ）に組織するアメーバ経営では、アメーバごとに「時間あたり採算＝（売上－経費）÷労働時間」を算出し、部門の採算を見える化します。そして、時間あたり採算の目標値を年間のマスタープランとの進捗から月ごとに設定し、売上最大、経費最小、時間最短のさまざまなアクションの組み合わせで目標達成を目指します。そのプロセスを通じて社員の意識改革を行い、一人ひとりに経営者感覚をもたせることがねらいです。

私が特に注力したのが、月に一度のペースで行うアメーバ経営会議です。「誰が参加してもいい」というオープンエンドルールを設けたので、会議によっては観戦するメンバーが多数出ます。そこで自分のチームの代表がコテンパンにやられると、なんとかせねばと奮起して結束を固めるケースもありました。

社員からは「末端の社員が会社の経営状況を知ることは大きなインパクトだった」「自分たちの行動と数字の一体感を感じるようになった」「アメーバ経営がなくなることは考えられない」という声も出るなど、機械的に淡々と仕事をやってきた集団は、頭脳と感情をもって自走する集団へと変貌を遂げていったのです。

自己否定こそ、経営者の仕事

私にとっては、アメーバ経営を導入したことが〃経営者〃としての原点です。部門別採算を行ううえで、各部門の目標数値を事前に決める際は、「前年比2桁成長」「前年比2割成長」など、必ず簡単には実現できないような高い目標を設定してきました。目標が高いほど、真剣かつ抜本的に仕事のやり方を変えなければならないからです。その過程で叱咤激励することもありましたが、私の意向を押し付けたわけではなく、社員の納得と了解を得ながら進めてきたつもりです。

その甲斐あって、1990年代以降、公共事業の削減等の影響を受けてコンクリート業界は縮小の一途をたどっているにもかかわらず、当社は右肩上がりの成長を遂げてきました。毎年のように売上高が二桁成長を続けていた時期もありますが、紛れもなくアメーバ経営の成果だといえます。

しかし、物事には両面があります。傍目には〝順調〟な経営を続けているように見えたと思いますが、行き過ぎた成長主義の弊害は少しずつ現れ始めていたのです。

その一つが、ものづくり企業らしからぬ動きが増えてきたことです。建設業界では一般的に、3～4社のコンクリートメーカーが現場にコンクリートを共同納入するケースが多く、そのなかで「チャンピオン」と呼ばれる会社が取りまとめを行うことで秩序を保っています。つまりチャンピオンになれば、自社でコンクリートを製造するメーカーの役割と、他社から購入したコンクリートを販売する商社の役割を担うので、売上も利益も増やせるのです。

決して後ろめたいことをしているわけではないのですが、自分でモノを作って売るというメーカーとしては本質から逸れているといわざるを得ません。技研で「コンクリートとは何か」という原点に向き合う一方で、商社的な行為で売上を拡大させようとする現状にちぐはぐさを感じたのです。

また、製造部門も、製品が売れていようがいまいが、在庫を抱えようが抱えまいが、ひたすら効率的に多くの製品を作るマシーンのような集団になりつつありました。時間あたりの目標達成にフォーカスし過ぎるあまり、各自の視野が狭まり、部分最適を追い求めた結果、全体最適がおろそかになっていたのです。

この状況を見て、このままでは嘘をついたり、ごまかしたりしてでも実績をつくろうとする人間が出てきてもおかしくはないという危機感が私のなかに芽生えました。さらには、「そもそも事業規模の拡大を目指すことが今の時代に合ったやり方なのか」という疑問も私を突き動かしました。スウェーデンの環境活動家グレタ・トゥーンベリさんのような人から「セメントを生産する過程でCO_2を出しまくっていますよね？」と問いただされたら言葉を返せないわけです。

「大量生産、大量消費、大量廃棄」を推し進める20世紀型社会経済システムを抜本的に見直し、「最適生産、最適消費、最小廃棄」を軸とする持続可能な循環型社会へとつくり変えていく。そんな変化が生まれている時代の端境期において、部門別採算制という仕組みはいずれ転機を迎えることになるだろうと感じてもいました。

そして2011年3月末の第49期決算。当社は過去最悪の7億5800万円の営業損失を出したのです。アメーバ経営を適切に運用できず、過剰に膨らんだ製品在庫を一気に圧縮して正常な状態に戻すことを迫られたのです。成長至上主義の弊害とはいえ、このような事態を招いたのは、すべて私の責任です。

その直後のことだったと思います。私はアメーバ経営会議で多くの社員を前に「今日をもってアメーバ経営を辞めることにした」と宣言したのです。こうした結果を招いた原因をアメーバ経営の仕組みのせいにするつもりなど毛頭ありませんが、人は評価基準に従って行動する生き物であり、社員の行動を一気に変えるには評価基準を変えねばならないと判断したのです。その時の私にはアメーバに替わる別の評価基準など思い浮かびませんでした。だから「やめる」とだけ言ったのです。

その後「独創」「挑戦」「誠実」という経営理念を体現する会社として出直すために、ものづくり企業にそぐわない商社的なビジネスはすべて廃止しました。メーカーとして信頼できる製品を提供し続ける路線と、技術研究所で生み出したテクノロジーで新しい時代を拓いていく路線。その両輪による経営に舵を切ったのです。

私としては組織を正常に戻すためのしかるべき軌道修正でしたが、唐突に言われた社員は「気でも狂ったのか」と思ったかもしれません。いわば甲子園優勝を目指して厳しい練習にも耐え、苦楽をともにしてきた野球部員に、監督がいきなり「もう甲子園は目指さない」と告げたようなものです。その日を境に、経営幹部や管理職を中心に、燃え尽き症候群のようになる人が続出しました。

定めた目標に向かって、脇目も振らず猪突猛進するのは、ある意味で楽な作業です。しかし、自分たちの仕事が会社の収益にどれくらい貢献したのか、社会にとってどう役に立ったのか、といった視点が欠けてしまうおそれもあります。21世紀に入ってから、企業は売上や利益だけでなく、環境や持続可能性といったことを最優先に考えないと立ち行かなくなる時代に入りました。いうなれば、「地球」という新たなステークホルダーが現れたようなものです。この新たなテーマにきちんとした回答をもっている企業はごくわずかでしょう。

あれから10年経ち、あの時の方針転換は、当社が次の時代に体を順応させていくために避けては通れない一里塚だったように思います。経営のやり方に絶対的な善もなければ、絶対的な悪もありません。価値観とは、時代とともに移ろいゆくものだからです。

京セラのアメーバ経営がすばらしかったのは、右肩上がりの時代にマッチしていたからだと思います。「大家族主義」による経営を目指していた京セラは、アメーバを構成しているメンバーが頻繁に酒を酌み交わし、皆で士気を高め合いながら団結を強める、かなりウエットな世界です。従業員の墓を高野山に建てるなど、本当の家族のような関係を大切にする価値観は、昭和の時代には威力を発揮しても、パソコンや携帯などのデジタルツールに囲まれて育ったジェネレーションZ、いわゆる「デジタルネイティブ世代」にはなかなか受け入れられないものでしょう。

一度決めたことを永久不滅の金科玉条であるかのように盲信するから道を誤ってしまうのです。だからこそ重要なのが、「自己否定」です。私は朝令暮改になぞらえて「朝令朝改」という表現を用いていますが、朝に出した方針をその日の朝には改めているくらいの〝変わり身の早さ〟こそ、組織の存続には欠かせない要素だと思っています。

この「自己否定」や「変わり身の早さ」の重要性を考えるとき、決まって思い出す一つの出来事があります。2011年3月11日に起こった東日本大震災です。

地震の速報が入ってきた時、私は上海で海外部門の社員と経営会議をしていました。津波によってのみ込まれていく住宅地や被災地で暮らす人々が逃げ惑う姿、冠水した仙台空港……。テレビ中継を通して日本の惨状を目の当たりにした私は、彼らに何の相談もなく、その場で「中国から撤退する」と表明したのです。

筋道立てて話せるような理由があったわけではありません。防衛本能が働いたというのでしょうか。のちに「1000年に一度」といわれる未曾有の大災害に見舞われて、日本は大変なことになる。そんな状況なのに中国で事業なんてやっている場合じゃない、とにかく身を退くべきだと直感的に判断したのです。

当時、上海にはパイル工場があり、現地で採用した社員も100人ほどいましたが、ためらいはありませんでした。その時海外部門の担当役員たちは皆、目が点になっていましたが、今も私はその決断は正しかったと思っています。

「ビジネスの世界では、30年前に地球規模の〝ゲームチェンジ〟が起こりました。スポーツでいえば、昨日までは野球で戦っていたのに、今日からサッカーになるようなものです。いきなりサッカーが始まって、日本企業はどうしたか。優秀な野球選手たちにサッカーをやらせました。世界トップクラスの野球選手は、輝かしい業績があるから簡単にクビを切れません」

日本共創プラットフォーム代表取締役社長の冨山和彦氏はこう述べていますが、生まれ育った環境や時代の空気がその人の人格や価値観に多少なりとも影響している以上、どれほど優秀な人間であっても、どんなに脚光を浴び、社会に必要とされたシステムであっても時代を乗り越えることはできないと思います。

高い志や目標が人を変える

アメーバ経営では必ず簡単には実現できないような高い目標を設定してきましたが、入社当時から私はコンクリートの全事業部門において「北海道内でのシェア№1」になることを目標にしていました。

当社の事業の柱は、生コン、大型建築物の基礎として用いられるパイル、コンクリートの二次製品となるプレキャストの3つありましたが、生コンこそ首位争いをしていたものの、パイルは8社中7位、プレキャストに至っては圏外と、うだつが上がらない状態だったのです。

その3つのうち、生コンから着手したのは、最も緊急性が高かったからです。繰り返しになりますが、札幌では赤字を垂れ流してでも受注しようとする〝戦争〟が繰り広げられていました。

生コン部門の立て直しを終えた後、間髪を入れず取り組んだのが大型建築物の基礎に使うパイル部門です。当社はパイル事業への参入が遅かったこともあり、ビリから2番目の地位に甘んじていました。

「7位の事業なんてやっていて楽しいか？　辞めてもいいんだぞ。1位になるためにどうするかを考えろ！」といきなり発破を掛けたので、それまで負け癖がついていたパイル部門の社員たちはずいぶん戸惑ったかもしれません。

手始めに私は太平洋セメントの直系パイルメーカー（道内5位）の買収に挑みました。総工費26億円をかけた最新鋭の自動化ラインが赤字の垂れ流しとなっている事実をつかんだからです。グループ戦略を担うセメントの専務と5億円の買収額で話をつけ、当社の老朽化したパイル工場を閉鎖してこれに統合し、一気に道内最大の生産能力を確保したのです。

返す刀で私は、買収したての新工場（の話題）をひっさげて、中堅パイルメーカー3社の合併で2005年4月に誕生したばかりのジャパンパイル（JP）の代表と面談、高支持力工法の技術提携を実現させたのです。合併でパイル最大手に浮上しながらも道内基盤の弱かったJPにとって、当社との提携は渡りに船だったろうと思います。生産能力と技術力を同時に手に入れたことで、道内の競合他社をごぼう抜きし、トップに躍り出ました。

最後に手を付けたのが一般的に二次製品と呼ばれるプレキャストです。当社の祖業中の祖業ですが、改革の手を入れるのが一番あとになりました。

04年7月に函館地区の地元最大手と資本業務提携したのを皮切りに、提携と買収を進めながら各地に拠点を増やし、北海道全域に供給できる体制を整えていったのです。なかでも05年に民事再生法を申請したオホーツク管内の最大手メーカーを継承したことで弾みが付き、それ以降、苫小牧、旭川、深川などのエリアで相次いで資本提携や買収話がまとまりました。オセロゲームの石の色がころころと一気に塗り替わっていくように10工場までネットワークを拡大、対応の幅が劇的に広がりました。

その過程で大きく売上や利益を左右したのが、生産方法を180度変えたことです。従来、プレキャストなどのコンクリート製品では、過去の実績などを基に受注量や納品量を予測して生産する「計画生産」方式が採用されていました。①一度にまとまった量を生産できるのでコストを削減できる、②リードタームを短縮できる、といったメリットがある反面、①余剰在庫を抱えキャッシュを食いつぶすリスクがある、②汎用品、標準品なので、細かい個別ニーズには応えられないといったデメリットがあります。

そのデメリットを解消するために、当社では発注者の設計作業を事前にお手伝いし、当社のデザインや技術を織り込んだうえで入札にかける「設計折込型受注生産」を取り入れたのです。顧客の希望に合わせて製品を設計するいわゆるオーダーメード的な手法で、受注がしやすくなるうえ、高い粗利が確保できるのです。

吸収合併して現在は当社の深川工場になっている会社の元オーナーがこの〝戦法〟の達人でした。工場はひとつしかないのに、全道各地でユニークな設計折込を展開し、他社との価格競争に巻き込まれず、高い収益を確保するのです。縁あって元オーナーの会社を吸収した私は、彼をプレキャスト部門の担当常務に抜擢し、グループ全体にこの戦法を伝授するようお願いしたのです。被買収側の人材が買収した側である当社の経営幹部へと登用されるのは決して珍しくありません。要するに「いいものはいい」ということです。

積極的にM&Aを推し進めた理由の一つは、時間を買うためです。建設業界は特に、古くからの付き合いを大事にする業界なので、「他社に乗り換える」ということがほとんど起きません。それが業界の成長や革新を阻んでいる一つの要因になっているのですが、いくら安価で品質のよい製品を売り込んでも「おととい来い」といった感じで取り合ってもらえないのです。その密な関係を切り崩すのは至難の業なので、会社ごと買って営業権を継承するほうが合理的かつ効率的なのです。

もちろん会社を買うことがゴールではないので、どう統合し、どう一体化させ、どう収益化していくかという視点をもって粘り強く対応していかないとなりません。ある日を境に、会社の看板や制服、カタログといった見かけは一変させられますが、体質はすぐには変えられないからです。

自己治癒コンクリートなど、脱炭素社会に向けた取り組みについて考えられるようになったのは、こうしてすべての部門で北海道内トップになれたからこそです。「2位じゃダメなんですか?」という〝迷言〟がありましたが、2位ではダメです。というのも、1位と2位では、業界の見え方や顧客からの期待値がまったく違うからです。1位になった以上は、業界全体を考える責任が出てきたり、1位としての振る舞いが求められます。

頂に立って初めて分かることがあるというのは、私が日経の記者時代にいろいろな産業界を取材していて直感的に感じ取ったことです。業界トップ企業の社長と2位以下の企業の社長とでは、見ている世界に天と地ほどの差があったのです。

私は流通経済部で大手流通グループや家電メーカーのトップを取材していたのですが、ダイエーの中内㓛氏は日米構造協議を睨みながら天下国家を語っていましたし、セゾングループの堤清二氏は人類の文化について語っていました。会社をどう生き延びさせるかという戦略的な話ではなく、志の問題です。そういう視点や思考から逆算して「企業はどうあるべきか」を考えていたからこそ、新しい価値を創り出せていたのでしょう。

そういった人間的な厚みのようなものは、ソニーの盛田昭夫氏からも感じました。1966年、銀座5丁目にあるソニービルの地下3階に誕生した「マキシム・ド・パリ」（2015年に閉店）は、実質的に彼の手によって生まれた高級フレンチレストランです。「大人の社交場をつくりたい」という執念のもと、ホテルオークラに次いでフランス人シェフを招聘し、料理もサービスも雰囲気もパリそのものを再現した盛田氏は、日本に新たな文化を持ち込んだ立役者の一人といえるでしょう。

私が取材をしていた頃は、ソニーがゲーム事業に参入する前の時代です。まだ任天堂が「ゲームもやっている花札の会社」と世間に見られていた頃、「天下のソニーが彼らと同じことをやるのかよ」とその経営方針を疑問視されていました。しかしその前評判を吹き飛ばすかのように、1994年12月、初代プレイステーションを発売するやいなや、任天堂のお株を奪うような大ヒットを飛ばし、市場を席巻しました。

やはり、彼らにしか見えていない頂があったのだと思います。その頂に到達しようという志があるから、企業としてのアクションも変わるのでしょう。彼らはトップ企業になるべくしてなっているのだと思います。

私たちの場合は、「売上規模」というカテゴリーで1位になることを目指しましたが、そのカテゴリーは何だっていい。1位になって世界の見え方が変わることで、意識が変わり、普段の行動や習慣も変わるのです。その過程では、段階的に目標を設定することが大切です。例えば稲盛和夫氏は、「打倒NTTを実現するためにまず（本社がある）京都市伏見区のトップになり、それから京都市内のトップを経て、京都府内のトップになる」という道筋を描いていました。

現在、単体で200億円近い売上を上げている当社ですが、1963年に父が會澤高圧コンクリートを立ち上げた初年度の売上は半期で3000万円。当時は妻である私の母と「早く売上高1億円の会社になりたいね」と話していたそうです。

企業というものは、1億円、10億円、50億円、100億円……と、各段階の〝壁〟を突破したときに、見える世界が変わりますし、皆の意識や行動が変わるからこそ、次の壁を突破できるのです。

といっても、売上や利益に固執しているわけではありません。定量的なものではなく、定性的なものを目標に据えるのも一つだと思います。かつて中内功氏が「暗黒大陸」と呼ばれた戦後の流通業界に新しいシステムを持ち込んだことで、メーカーとのパワーバランスを完全に変える「流通革命」を起こし、大量消費を是とする物質文化の時代を支えましたが、その貢献度も定量化できない部分が大きいでしょう。

私たちの業界で言えば、「建設業界を革新したい」でもいいし、「面白いことをやって、世間をあっと驚かせたい」でもいい。繰り返しになりますが、高いレベルを目指せば、人は意識や思考が変わって行動が変わります。容易に達成できることは人を成長させないのです。

一流どころと付き合うべし

当社が２０１８年より、ＭＩＴ ＩＬＰ（MIT Industrial Liaison Program：マサチューセッツ工科大学産業リエゾンプログラム）に参加しているのも、高いレベルに触れていたいからです。

１９４８年に設立されたＭＩＴ ＩＬＰは、さまざまな国の企業とＭＩＴが産学連携を促進させるためのプログラムです。現在、約２００社（うち日本約50社）の世界中のトップ企業がＭＩＴとパートナーシップを結び、産学連携を進めています。当然、誰でも入れるわけではありません。並いる日本の大企業が名を連ねるＩＬＰにおいて、ファミリー企業は当社くらいでしょう。

企業がＩＬＰに参加するメリットは、ＭＩＴで研究されているテクノロジーを活用して、新規事業につなげられることです。ＩＬＰがすばらしいのは、ＩＬＯ（Industrial Liaison Officer）という〝技術のコンシェルジュ〟がいて、ＭＩＴの各学部と会員企業をうまくマッチングしてくれるところにあります。研究論文だけでなく、経営者やファンドを紹介してくれるなど、「新しい事業が生まれるのをワンストップでサポートしてくれる」存在なのです。

私たちも、コロナ前は毎月のように「コンクリート×〇〇」の〇〇を求めて、ボストンまで足を運んでいましたが、例えば、２０２３年春の実用化に向けてＭＩＴと共同開発を進めているコンクリートの廃プラ固定化技術も、ＩＬＰの論文紹介がきっかけです。これは、破砕した廃プラスチックにガンマ線を照射して表層を改質し、コンクリートの砂の一部代替として使用すると圧縮強度が10％増進するというものです。

本当ならすごいことになる、と我々は大学側に執筆者との面談を申し入れました。論文を書いたマイク・ショートというＭＩＴの学生が最初の頃は我々の対応をしていたのですが、大学側もビジネスチャンスだと踏んだのか、マイクが在籍する研究室のオラール教授らに突如窓口が代わり、今では「MiCon Technology（マイコンテクノロジー）」という会社をつくって前のめりになって当社との共同開発を進めています。研究のレベルの高さもありますが、テクノロジーを論文の段階で企業にマーケティングする仕組みが確立されているのがＭＩＴのすごいところ。今やＭＩＴ発のスタートアップは１８００を超えたそうですが、それも頷けます。

こういった新しい技術と出会えることがＭＩＴ ＩＬＰに参加するメリットですが、私たちのようなファミリーエンタープライズにとっては、世界の最先端で今何が起こっているのかを確認できる貴重な機会になります。世界のトップが今何を考え、何を研究しているかを知ることで、初めて自分たちのＲ＆Ｄの座標軸を決めることができます。ＭＩＴやデルフト工科大学など一流とのお付き合いのおかげで目の付けどころは一段と高くなり、会社の価値を高めることにつながると思うのです。

防衛を目的とした中国への進出

当社はこれまで中国、ロシア、モンゴル、ベトナム、ミャンマーなどアジアの新興市場を中心に海外約6カ国で仕事をしています。しかし国内市場が縮小するなかで、新たな市場を開拓すべく海外に進出してきたわけではありません。

私たちが初めて進出した海外は、中国です。2007年、中国の急成長ぶりに衝撃を受け、上海に商社をつくり、現地工場で生産したパイルの輸入を始めました。中国からの輸送費等を考慮しても、日本で生産するよりコストが安価に抑えられるという目算があったからです。

さかのぼれば、私が初めて中国を訪れたのは1980年代半ば頃でした。バックパッカーとして世界を旅していた大学生の私の目に、中国は〝絶望的〟な国として映りました。所かまわず痰を吐き、糞便を撒き散らしている人々の姿を見て、モラルなどひとかけらももち合わせていないような民度の低さに愕然としたのです。

現在では高層ビルが立ち並び、上海新都心としての地位を確立している浦東（プートン）地区がまだ、建物が建つ気配もない葦原だった時代です。この国は１００年経っても日本には追い付けないだろうと感じました。その印象が強過ぎたために、中国で事業をやるという選択肢は脳裏をかすめることすらなかったのです。

それから約20年が経ち、自身の想定を完全に裏切る形で成長を遂げている中国に、私は得体の知れない恐怖のようなものを感じました。国内の産業が空洞化していくなかで、中国はどんどん肥え太っていく流れを監視しておかなければ判断を誤るかもしれない。そんな危機感が中国進出へと私を駆り立てたのです。

とはいえ、もちろん事業としても成功させるつもりでした。規格大量生産によりコストを徹底的に削減しましたし、シェア獲得のための戦略も練っていました。

パイルは住宅の建造物の基礎として用いるのですが、例えばドラッグストアなどの小売店舗を建設する場合、建物のコストは読める一方で、土地（地盤）のコストは読めません。地盤の状態によっては、基礎を補強するために想定外のコストが掛かってしまうという「掘ってみるまで分からない」博打的要素があるのです。

当然それは、投資家に投資の判断を迷わせる大きな要因になります。そのリスク要因を解消するために、「私たちがリスクを引き受けて安心を保証する代わりに、すべて当社製のパイルを使ってください」という条件で顧客に訴求していったのです。

それはそれで独創的な事業スキームだったと思いますが、やってみて初めて「見えないコスト」がたくさんあることに気づきました。工場の設備費、人件費等の製造コストはおおむね計算どおりでしたが、問題は輸送関連コストでした。

工場から上海の港に運んでコンテナに積み、海を渡って、横浜港で仕分けされる。そして現場で施工されて初めて納品、というサプライチェーンを経るのですが、洋上も含めて大量に在庫を確保しなければならず、全体で見ると工場で削減したコストが相殺されてしまったのです。そのうえで私たちがリスクを引き受けなければならないとなれば、事業としては危うくなります。

このような背景から、２０１１年3月、私は中国からの撤退を決断しました。従業員のモチベーションを高めるべく、中国語で「打倒日本、本社の品質を超えろ！」と書いた横断幕を工場内に掲げていたこともあり、製品自体の品質は高かったので、心残りもありました。しかもリスクヘッジとして為替デリバティブ取引を行っていたので、解約金約10億円を支払わなければならなかったのですが、損切りも必要だと割り切ったのです。

一度は輸送船が嵐に遭遇し、海にパイル製品を落としてしまったこともあったりと、重くて巨大なコンクリート製品を船に積んで運ぶ難しさを見くびっていたところもあります。「コンクリートは地場産業」という世界の〝常識〟を打ち破るための挑戦でもあったのですが、コンクリートが国境を越えないのはやはり相応の理由があると身をもって知りました。

「請われて出ていく」会社を目指して

その意味で、私たちにとって海外展開の端緒となったのは、2007年2月に受注したベトナムの「サイゴン東西ハイウェイ」建設事業です。ホーチミン市を南北に分断するサイゴン川の東西両岸を結ぶ同事業は、国内最大の都市として急速な経済発展と人口増加に伴い、深刻化していた慢性的な交通渋滞を解決するために、日本がODAにより支援した国家プロジェクトでもあります。

このプロジェクトの目玉となったのが、東南アジア初の沈埋トンネルとなった「トゥティエム・トンネル」です。「沈埋函工法」で、サイゴン川の底に約10万トンの巨大なコンクリートボックスを埋めてトンネルを造るというもので、長さ約92m、幅33m、重さ

2万5000トンのボックスを4つ製造したのち、浸水させ現場まで船で曳いて運んで、水中に沈めて連結させるという難易度の高い仕事でした。

あるスーパーゼネコンの技術研究所から「コンクリートの供給がどうしても不安定。プラントの運営も含めて助けてほしい」と請われてこの仕事を受注した私たちは、ホーチミン市郊外の5万平方メートルの土地に用意された生コン工場の運営を受託し、製品を供給しました。

2011年11月に地下道路を含めた全区間（全長約22km）が開通したことで、ホーチミン市中心部の交通渋滞の緩和に大きく貢献しただけでなく、市中心部へのアクセスが格段に向上したトゥティエム地区の都市開発を促進しました。

このベトナムでのプロジェクトを機に、国家プロジェクト級の大型案件が舞い込むようになりました。

一つ目が、ロシアはウラジオストク市の金角湾横断橋梁建設工事（2009年参画）です。2012年9月に同市で開催される「APEC（アジア太平洋経済協力）首脳会議」に備えて、最寄りの空港から主会場となるルースキー島を結ぶ幹線道路整備の一環として急ピッチで進められた国家プロジェクトです。

全体で約1兆６０００億円もの予算が投入されたこのプロジェクトは、大規模資源開発「サハリンプロジェクト」やシベリアのパイプライン建設に代表される極東開発戦略の流れを汲んだものでもありました。そのなかでウラジオストクは極東開発の拠点として位置づけられており、３本の橋のほかに、最高水準の大学キャンパスや高級ホテル、空港連絡鉄道の建設が計画されていました。

また、ロシアにとって橋の建設は、湾岸都市ウラジオストクを「太平洋国家ロシアのサンフランシスコ」に変えるという構想を実現しうる旧ソビエト連邦時代からの悲願でもあったのです。金角湾横断橋の全長は約１９００ｍ、橋桁の高さは約70ｍ、橋の建設に必要なコンクリートの総量は40万㎥。総工費は約１０００億円とＡＰＥＣ関連工事のなかでも最大規模です。この案件におけるコンクリートの供給業者として私たちが指名されたのは、ウラジオストクと気候が似ている北海道で寒さに強いコンクリート（寒中コンクリート）を安定的に供給してきた実績や技術力を買われたからです。

凍結リスクのある期間や場所で打設するコンクリートを「寒中コンクリート」と呼びますが、コンクリートが凍結してしまうと十分な強度が出ないため、凍結させないための工夫が必要です。暑い時期に打設する「暑中コンクリート」も同様ですが、コンクリートは

国家プロジェクトとして計画され、ウラジオストクに建設した橋

外的環境に左右されやすいデリケートな材料なのです。
同プロジェクトにおいて、私たちは破壊抵抗性や流動性に優れた生コンなど、現地の企業がもたない技術力、製品を中心に供給しました。トータルで3年間を要したビッグプロジェクトでしたが、建設に携わった金角湾横断橋がシンボリックな存在になったこともあり、「會澤高圧コンクリート」の名は売れていったのです。事実、その後モンゴル政府から依頼が来たのは、ロシアでの実績があったからです。
大陸性気候のモンゴルは、夏と冬の寒暖差が激しいのが特徴です。ウランバートルは世界の首都のなかで最も寒く、10月〜4月頃までは氷点下が当たり前、なかでも12月〜2月はマイナス40℃を下回る日も多いのです。

「モンゴルでは寒中コンクリートを作る技術がないので、冬季の半年間、建設作業をストップせざるを得ません。これは、急速な経済成長を目指している我々にとって大きな損失です。冬でもコンクリートを打設できる技術を導入してもらえませんか?」

東京は渋谷にあるモンゴル大使館の職員からこんな話が持ち込まれたのは、２００９年のことです。モンゴルの社会課題を解決し得る仕事に、私は胸が高鳴りました。まさにコンクリート屋冥利に尽きる仕事だと思い、その場で引き受けたのです。

私たちは直ちに現地法人を設立し、２０１１年秋には、現地プラントの約8倍のコストを掛けてモンゴル初のタワー型プラントを完成させました。

北海道で最も寒い町の一つである占冠などでもコンクリートを大量供給してきた経験を基に、温度管理を徹底できる環境を整備し、マイナス40℃の環境でもコンクリートを安定的に供給できる体制を実現しました。おかげで冬季はいまだに当社の独占市場になっており、モンゴルの大統領をはじめ、政財界で当社のことを知らない人は誰もいないような状況になっています。

このように、現地の技術力では手に負えない難易度の高い仕事に挑戦できるのが海外案件の魅力です。どこも同じような四角いビルしか建てない保守的な日本に比べて、斬新でユニークな開発案件が多い海外のほうが技術力を高める〝道場〟としてはちょうどいいのです。私たちは関わっていませんが、典型的なのがアラブ首長国連邦の大都市ドバイです。世界一高いビル「ブルジュ・ハリファ」を筆頭に、建築家たちの個性と個性がぶつかり合う〝博物館〟のような高層ビル群は、技術面でも前例のないことに挑んだ跡があり、見ているだけでもエキサイティングです。

もちろん私の役割は仕事を取ったり、事業スキームを組み立てたりすることで、現場を動かしていくのは社員です。日本の常識が通用しないことが毎日のように起きる環境は、人間としての大きな成長をもたらします。経験に勝る財産はないのです。

とはいえ、そういった海外案件は、安定した日本での事業基盤があってこそ成り立つものです。ゆえにプロジェクト単位でしか受注せず、完了すれば引き揚げるケースがほとんどです。

そもそもコンクリートは地場産業であり、どの国にもコンクリートメーカーはあるので、そこの仕事を奪ってまでグローバル企業になろうと思ったことはありません。よそにはない技術力を強みに、「助けてほしい」と請われたときに助けに行けるような企業であり続けることが目標です。

恐竜にならないために

私は、會澤高圧コンクリートに入社して以来、中小企業等協同組合法のもとでシェアを公平に分け合う、生コン業界の共産主義的なやり方には疑問を感じてきました。しかし、協同組合のインサイダーとして〝合法カルテル〟の恩恵も受けている身としては、複雑な感情があります。法律に守られているうちは本物じゃない。本来、そんな法律がなくても、自分たちで秩序を一から構築できるようにならないといけないと思っているからです。

明治時代には百数十社あったセメントメーカーは、自然淘汰や再編を繰り返した末、17社、30工場（2021年4月現在）にまで減少しています。大手メーカーは4社になったことで、業界に安定をもたらしています。一方、生コン業界は2907社、3204工場（2021年3月現在）と桁違いに多いのが現状です。

結局のところ、弱小企業を護送船団方式によって保護しようとすることで、合併・再編も起きず、業界も進化しないのです。なりゆきに任せておけば、いずれコンクリートメーカーが2社ほどになり、組合などなくてもゼネコンと渡り合える状況になるはずです。市場に任せる「レッセ・フェール」を礼賛しているわけではありませんが、自然な営みのなかで、淘汰もされながら、秩序が形成されていくほうが理に適っておりそれが資本主義だと思うのです。

経済的にも心理的にも守られた環境は、恐竜のように絶滅してしまうリスクと常に背中合わせです。だからこそ、たえず自己否定や自己変革によって自らを焚き付けて、イノベーティブであり続ける必要があります。

結局のところ、当社が積極的に海外案件に携わり、ＡＩやナノテク、バイオテクノロジー、航空宇宙……と手当たり次第、新しいことに取り組んでいるのも、何もやらないより、何かをやったほうが、変われる確率も生き残る確率も高くなるからです。

ただし、何かに挑戦するにしても、思い切ったことをしているようで、実は身の丈に合ったことしかしていません。相手に請われたとしても、ＪＶでの参加や現地にツテがあるといった安心材料がなければ引き受けませんし、少なくとも単独で市場を開拓しようという発想にはならないのです。「社運を賭けて」「背水の陣で臨んだ」という表現はかっこいいかもしれませんが、会社を背負う身として冒険じみたことはやってはいけないのです。現在、拠点を構えているミャンマーの政情不安がそのことを証明しています。国軍によるクーデターという事態が発生することなど、予想だにしていませんでした。もし「社運を賭ける」かのごとく、ミャンマーに進出していたら、今頃大変な目に遭っていたでしょう。仮に今、撤退したとしても、多少の損はありますが痛くも痒くもありません。とにかく、何があっても脊髄損傷を起こさない安全性は常に確保したうえで、チャレンジをしたり経験を積んだりすべきです。

時代や社会情勢は刻一刻と変わっていく以上、安住すること、立ち止まることが事業存続における一番のリスク要因になります。逆にいえば、安住せず、立ち止まらずにイノベーションを起こし続けることが、安定を手に入れるための唯一の方法だと思います。

もちろんそれは、私がオーナー企業の経営者だからこそ感じている部分は大きいと思います。私自身もそれこそ、社長になるまでは能天気な人間でしたし、同じレベルでの危機意識をもつことを社員にも求めるのは無理があります。ただ、私の言葉や行動、生き方から何かを感じ取ってほしいとも思っているので、今年の入社式では新入社員に向かってこう言いました。

「君たちに『頑張ってください』『期待しています』とは一言も言わないよ。限界まで闘っている姿を見せるのが経営陣の仕事だと思うから」

それはその場にい合わせた経営陣に向けた言葉でもありましたし、経営者としての私のポリシーでもあるのです。

第4章

企業の成長には「喜怒哀楽」が不可欠
イノベーションを起こすために
必要な経営者のポリシー

〝嫌われ者〟のコンクリート

これまで私がコンクリート業界でイノベーションを起こそうとしてきた原動力は、一言で言うなら〝怒り〟です。私が子どもの頃から、「冷たくて無機質な」コンクリートは、自然破壊の象徴として環境団体などから悪者扱いされるなど、常にどこかネガティブなイメージがつきまとう存在でした。都会の殺伐とした雰囲気を表す「コンクリート砂漠」や「コンクリートジャングル」という表現からも、コンクリートに対するまなざしの冷たさが感じられました。

そんななかで「コンクリートから人へ」というスローガンを掲げた民主党が政権を奪った2009年のことは今も忘れません。

「母子家庭で、修学旅行にも高校にも行けない子どもたちがいる。病気になっても、病院に行けないお年寄りがいる。全国で毎日、自らの命を絶つ方が100人以上もいる。この現実を放置して、コンクリートの建物には巨額の税金を注ぎ込む。いったい、この国のどこに政治があるのでしょうか。政治とは、政策や予算の優先順位を決めることです。私は、コンクリートではなく、人間を大事にする政治にしたい」

コンクリートにすべての罪を被せるようなレトリックで国民を味方につけた民主党は、私たちを含めたコンクリート業界全体の怒りを買いました。社屋やミキサー車に「コンクリートは人の命を守る」というメッセージを掲げて、コンクリートに対するネガティブなイメージを払拭しようとする業者も現れました。

もちろん民主党の鳩山由紀夫代表は、コンクリート自体をあげつらっているのではなく、公共事業に巨額の税金をつぎ込んできた自民党政権を批判するために都合のいい存在としてコンクリートを引き合いに出したのだと思います。しかし、世間はそう受け取ってくれません。「冷たい」「無機質」というネガティブなイメージがこれまで以上に浸透したせいか、近年は社名から「コンクリート」を外すコンクリートメーカーが後を絶ちません。

そのことに対する憤りが、自己治癒コンクリートを作ろうという原動力になりました。バクテリアの代謝活動による自己修復機能を備えた「生きているコンクリート」を生み出せば、ネガティブなイメージを一掃することができるかもしれないと思ったのです。

イノベーションを阻む規制の壁

鈴木自動車工業（現・スズキ）でバイクのエンジンを設計していた荒瀬国男と一緒に「アラセ・アイザワ・アエロスパシアル合同会社」を立ち上げ、ドローンのエンジンや機体の開発を進めてきたのも、〝怒り〟が原動力になっています。「空のインフラ」とも呼ばれ、物流業界などで「無線操縦のおもちゃではなく、輸送手段の一つになる」と期待されているドローンは、革命を起こせるかのように報道されていますが、機体性能がまだ不十分なだけでなく、「使わせたくないのではないか」と訝ってしまうような国土交通省の岩盤規制に阻まれているため、実現の日はまだまだ遠い印象です。

現状としては、住人のプライバシーが守られないから、墜落するリスクがあるから、といった理由で、人がいない山間部などでしかドローンを飛ばすことができません。新しいことをするのにリスクはつきものです。リスクをゼロにすることにばかり意識を傾けていたら、イノベーションなんて起きようがありません。問題を起こした企業に責任を取らせる仕組みをつくっておけばいい話です。

　また、目視者（ドローンが飛んでいる様子を地上から見ている）がいなければ飛ばしてはいけない、という規制もあります。当社で開発している機体は、指示が出れば自動的に出動準備をしてポートから飛び立ち、現場で仕事を完了すれば自らポートまで戻ってくるという機能を備えています。この「完全自律航行」を、国土交通省は承認してくれないのです。ロボットと同じく、一人で仕事をしてくれるところがドローン最大のメリットであるにもかかわらず、人間とドローンがワンセットの関係性を維持しなければならないのであれば、生産性はまったく向上しません。「このエリアはこういう航路しか使ってはいけない」という細かい規定は、まさにコンクリートのＪＩＳ規格と根本的には同じです。

　こんな体たらくだから世界に遅れを取ってしまうのです。「ジャパン・アズ・ナンバーワン」として一目おかれ、恐れられた時代はもはや遠い昔のことになってしまいました。政府に対しては「頼むから邪魔をしないでくれ」という気持ちでいっぱいです。

　明るい話題としては、２０２１年3月、ドローンを飛ばせる空域の拡大や規制緩和を盛り込んだ航空法の改正案が閣議決定されました。２０２２年度に人が密集する都市部でも目視者なしで飛ばせるようにする「レベル４」段階に向けて進められていますが、どうなることかと静観しています。

まずはやってみろ

前述した例に限らず、今やっている事業のすべては怒りから生み出されているといっても過言ではありません。

私は「意識高い系」の若者が集う勉強会には臆せず出席していますが「大企業にいるから、なかなか身動きが取れない」「社長まで稟議が通らない」などという言い訳をして、何も行動を起こしていない人が実に多く、そんなときは本当に憤りを感じます。

戦後の焼け野原で雨後の筍のように事業が勃興した時代を経て、日本は「一億総中流」と呼ばれるようになり、優秀な学生は皆、大企業にいくというレールが出来上がりました。スタートアップ企業の数が減り、エリートがエリートとしての役目を果たしていないことを私は危惧しています。

だからこそ私は実践者でありたいと思うのです。YouTubeで当社の女性社員３人に声を掛け、「ＳＤＧｓ（ＳＤガールズ）」というチャンネルを作り、２０１９年１月から動画を発信しているのもその一環です。ヒカキンやはじめしゃちょーが注目され始めた頃から、動画の時代が来ることは予感していましたが、その時から企業内YouTuberが成立するのかどうか試してみたいと思っていたのです。

折しも、３Ｄプリンターでコンクリートを印刷する技術の実用化に取り組んでいる最中だったので、「その技術を活用してインドにバイオトイレを作る」というＳＤＧｓに則ったミッションを彼女たちに与えました。なぜインドだったかというと、日本は建築基準法が厳しく、コンクリートの印刷技術で家や施設を造ってはいけないという規制があるうえに、そもそもこれはコンクリートなのか、という水掛け論になってしまうからです。インドは小規模建築なら認められていますし、野外排泄による地下水の汚染が深刻で、衛生面に不安を抱えていることが社会問題になっています。ＳＤＧｓの６番目の目標である「安全な水とトイレを世界中に」はインドのためにつくられたようなものです。

現在は、２０２０年９月に完成したコンセプトモデルから見えた課題を基に、改良を加えているところです。それまで一度も海外に行ったことがなかった彼女たちは、この経験によって視野が広がったようです。YouTubeのチャンネル登録者数は決して多くはありませんが、プロジェクトの進捗状況をリアルに発信できていますし、政府の広報でも取り上げられたり、テレビや新聞の取材を受けたりと注目度は高まっています。

いずれにしても、YouTubeを批判する人がごまんといるなかで、「私たちはやっているよ」といえますし、やったからこそ批判できるのだと思います。私自身、失敗すれば、メディアを筆頭に寄ってたかって叩いたり、糾弾したりするような世の風潮に対して、非常にフラストレーションが溜まっています。そのなかでまずは、やってみることの大切さを伝えたかったのです。

「多様性」は強みになる

1990年代後半から2000年代前半にかけて、札幌の〝戦争〟状態を治めるためにM&Aを繰り返した時期がありますが、その最大のメリットは工場（生産設備）を手に入れることではなく、そこで働いている人材を確保できることにありました。

M&Aで買収した工場のなかには、日本セメントや宇部三菱セメントの直系メーカーもあったので、かつてライバル関係にあった人たちが同僚になるという状況が生まれました。

プロパー社員と各社から転籍した新入社員で、「派閥」ともいえる4～5の集団が生まれたのですが、ネガティブな意味合いはなく、切磋琢磨し合う相手ができたという意味ではプラスに働いたように思います。

私は「三毛猫軍団」と呼んでいましたが、従前の単一的なメンバーで構成した時代に比べると、多様性も生まれました。さまざまな民族が集まっているアメリカが「人種のサラダボウル」と呼ばれているように、多人種、多民族の集団が、お互いの伝統や文化を尊重し合いながら共存するという考え方がしっくりきたのです。

そういう考え方が形成された背景には、ニューヨークでの記者時代に国連を取材していた経験があります。象徴的だったのが、加盟国（当時185カ国）すべての国連代表部職員が利用する国連本部ビル内のカフェテリアです。中立性、公平性を重んじる組織として、どこかの文化が色濃く出るようなことは避けたいのか、「○○料理」とカテゴライズし難く、「○○味」と表現しづらい多国籍メニューが並んでいる不思議な空間でした。

カフェテリアではいまだ休戦状態が続く北朝鮮と韓国の職員が親しげに会食している光景も見られるなど、普通に暮らしていては一生出会うことのないような国の人もいる環境に触れたおかげで、「人間なんて一皮むけばみんな同じだ」という前提が生まれました。

もちろん文化や慣習など、さまざまな部分で違いはありますが、こちらが壁をつくらず、一人の人間として分け隔てなく接すれば、誰とでも付き合えることは肌感覚として身についたと思います。

当社ではこれまで15カ国近い海外の国々から「協同で事業をやらないか?」「手伝ってもらえないか?」というオファーをもらってきましたが、一度として面識のない状態で断ったことはありません。それもやはり、直観で知っているからです。逆にいうと、直観で分からないものを人は身体的にも頭脳的にも理解することができません。入ってきた情報に対して拒絶反応を起こさないためにも、経験を通じて直観を磨くことはとても大切だと考えています。

自分にしか果たせない役割を

採用においても人事においても、私は学歴や勤続年数を問いません。営業部を前身とする「開発営業本部」という部署が当社にはあり、その半分は技術職の人間で構成されていますが、属性などどうでもいいですし、理系か文系といったカテゴライズをすること自体が嫌いです。

そう思うのは、私自身が過去に苦い経験をしたからでもあります。札幌の高校を卒業後、私は家業とは縁のない中央大学文学部に進学しました。父は当然であるかのごとく、私を工学部の建築学科や土木工学科に進ませようとしてきたので、あまのじゃくな私は「ものづくり」から遠く離れた世界に身をおいたのです。

当時は、実学的なもの、具体的なものよりは形而上学的なものや物事の原理原則への興味が強かったので、大学3年の頃までは、大学院に進学し、言語学や文学の教授になろうかと考えていました。「世の中から隔絶されたところで独自の世界を探求する」場所として思い浮かんだのが大学の研究室だったのです。ゆえにメーカーをはじめとした一般企業に勤めるという選択肢はゼロでした。要するに、若気の至りというか、斜に構えていたということです。本来、ものづくりは最も尊いことなのに、それよりも大事なことがあると錯覚していたのです。

実際、それは親に対する反発によって生まれた目標であって、自分が心の底からやりたいと思うことではなかったかもしれません。研究者として生きていくことは厳しいという現実を知り、3年の終わり頃には就職に路線変更しました。

時は1980年代後半、定期預金の金利が平均3～6％で推移していた当時の銀行は、世の中で最も安定した就職先として見られていました。私は一行も受けませんでした。明確な「学部差別」が当時は存在し、文学部は採用対象から外されていたからです。

そんなななかで私が受かったのは、外資系の投資銀行と日本経済新聞社をはじめとしたメディア数社です。メディアの採用試験は筆記試験（小論文＋英語＋時事問題）と面接のみで、大学名や学部名を問わないところが魅力的でした。約５０００人中50人しか受からないような狭き門を突破できたのは、採用試験までの一年間、新聞漬けの生活を送っていたからです。朝から晩まで家にこもり、新聞大手５紙（日経、朝日、読売、毎日、産経）を、広告、ラテ欄まで含め、隅から隅まで読んだことが功を奏したのだと思います。個々の記事から何かを得ることはできなくとも、定点観測を続けていると、世の中の大きな流れが分かり、時代感覚が養われているような実感がありました。その生活を続けるのは1年が限界でしたが、「凡事徹底」「継続は力なり」の意味を体感的に理解できたような気がします。

いずれにしても、「文学部→新聞記者」キャリアは経営者としては異色だと思います。そのことを誇りに思っていた私は、当社に入社した時、社員の前でこう宣言しました。

「俺はコンクリートの技術について勉強しない。今から勉強したところでコンクリートのプロである君たちに勝てるわけがないから、そんな無駄な時間は過ごさない。

逆にコンクリートについて知らない人間が傍目八目で口を出すからこそ、専門家では考えられないことをやれたりすると思う。コンクリートのことは君たちに任せて、私は違うところで会社に貢献するからよろしく」

「最大公約数」はいらない

私が経営において大切にしているのは、最大公約数にならないようにすることです。会社というのは、規模が大きくなればなるほど、最大公約数的な動きをしてしまいがちで、経営者が「俺、これやりたいんだよね」というところから事業を始めるケースが減っていくように思います。

その典型が、稟議制です。現場にいる人間が稟議書を起案し、上司の承認という関門を突破して、最終的に社長の承諾を得る、というプロセスを経ることが圧倒的に多くなると、ユニークでとがった事業は生まれなくなります。

会社の操縦桿を握った人間は、「俺はこっちに行きたいから、みんなも付いてきてくれ」というくらいの気持ちで操縦桿をぐっと傾けるような思い切りのよさは必要だと思います。誰もがそれなりに満足するけれども、個性の乏しい最大公約数的な発想からヒット商品は出てきません。ソニーの創業者である盛田昭夫氏が井深大氏と会社を立ち上げた頃も、自分たちがやりたいこととしてテープレコーダーやトランジスタラジオを生み出したはずです。

ゆえに当社では、私が独断で人事を決めています。出世できるのは手を挙げて実行に移そうとした人間です。勤続年数にしたがって、定期的に職場の異動や職務の変更を行う「ジョブローテーション」によりゼネラリストを育てる仕組みは、当社にはありません。会社の事業だけでなく、個人も最大公約数にならないような仕組みづくりを心掛けています。

かつて、松下電器（現在・パナソニック）の松下正治氏が末席の取締役だった山下俊彦氏を後継者に指名した「山下跳び」について、11人抜きでの社長昇進は異例だと世間の話題をさらいましたが、当社の人事は11人抜きどころではありません。過去には、社歴6〜7年目、28歳で役員に任命した社員もいるなど、ごぼう抜き人事は当たり前です。もちろん私が登用した以上、責任をもつのは私です。

こうした明らかな〝えこひいき〟について、組織の不協和音を生み出すのではないかという意見もあるかと思います。社内にも快く思っていない人もいるかもしれませんが、私は気にしていません。

基本的に、私は「来る者は拒まず、去る者は追わず」のスタンスを貫いているので、「辞めたい」人間を引き止めることはほぼありませんが、一度辞めた人間が戻ってくるケースも少なくありません。そういう社員に対しても、分け隔てなく接しています。親子二代で当社に勤めている（勤めていた）ケースも10例くらいあります。

仕事は、何をやるかも大事ですが、誰とやるかも大事です。会社は好きな人間と好きなことをやるために存在しているものです。「手を挙げて実行に移した人が評価される会社」だと知り、それに続こうとする社員が増えてほしいと願っています。

むろん、役員になることはゴールではなく、険しい山の麓に立ったに過ぎません。それまで友人だった同僚は自分のまわりから去っていったり、「役員」という肩書きを手にしただけで情報が入ってこなくなったり、天狗になってしまったり……。自分を取り巻く環境の変化に思い悩む人が多いのですが、そういう困難にぶち当たることが人を大きく成長させます。にっちもさっちもいかなくなり、「一から出直したい」「頭を冷やしたい」と本人から希望があった場合は、役員から外し、一般社員に戻って〝リハビリ〟し、時機が来れば役員に復帰できるようにしています。

チャレンジャーが尊ばれる組織に

よく驚かれるのですが、当社では社長である私がすべての人事考課を行い、配属先や基本給、賞与を決めています。誤解を恐れずに言えば、私の独断です。

例えばある社員の支給額を上げる場合、そこには「頑張ったね」という労いや「期待しているよ」というエールなど、「あなたを見ているよ」というメッセージを込めています。普段話す機会はほとんどなくても、社長が決めていると思えば、社員も奮起する部分はあるはずです。確かに一律の指標で機械的に処理したほうが、客観的であり公平性も高まります。しかし本来、人間を絶対的に評価することはできないはずですし、たとえ非効率的であってもそこに血の通った関係性を残しておきたいのです。

ただ、社員約700人という会社の規模を考えれば、社員の能力や貢献度を数値化して給与等に反映させる人事評価制度を導入すべきなのかもしれません。顔と名前は分かるけれども、現場でどのように働いているかが分からない社員も増えているので、さすがに限界を感じています。現在は、個々が自分で設定した目標の達成度が評価基準の一つになるような新しい仕組みを構築しているところです。私が直接査定に関わることはなくなったとしても、上長が私の代わりを担うことで、社員との双方向の関係性を維持したいと思っています。

実は一度、「360度評価（多面評価）制度」と呼ばれる手法を採り入れたことがあります。360度評価制度とは、社長や上司だけではなく、部下や同僚、取引先など、さまざまな立場の人が社員を評価する方法です。

人事の肝は「自分が正当に評価されていると各社員が思えるかどうか」だと思います。私からの一面的な評価ではなく、多面的に評価して、公平性や客観性を担保しようという思惑で始めましたが、結果から言うと失敗に終わりました。いい人に限って、他者を厳しく評価できないのです。本音は別のところにあったとしても、今後の関係性に支障が出るのを危惧してか、悪い評価は付けません。皆がお互いに忖度しあって、10点中8点を付けるというようなケースが続出したので、2年ほどで辞めました。

その経験を踏まえると、定量的ではなく定性的な要素（人徳がある、縁の下で支えている、潤滑油的な役割を担っているなど）も加点的に評価につなげる方法なら選択肢として考えられます。ただし、それも行き過ぎると逆効果になってしまいます。加点評価による報酬が、お小遣い程度の金額であればインセンティブにならないかもしれませんし、それで給与の半分が決まるとなれば、まわりの評価を得るためにいい顔をすることが目的化してしまいます。いずれにしても、デメリットがない制度は存在しないので難しいところです。

そういった人事制度を導入するか否かはさておき、「手を挙げて実践に移した人が重要なポジションを手に入れられる」という評価基準は一貫させるつもりです。「独創、挑戦、誠実」という経営理念にも掲げているように、たくさん挑戦した人が尊ばれる組織にしたいと思っています。

ゆえに、当社には稟議書という形式は存在しますが、稟議はありません。役職や社歴を問わず、やりたい人がやりたいことをやればいいというスタンスなので、経営会議にせよ、部署内の会議にせよ、発案者の提案が却下されることはほとんどないのです。各自がやりたいことをやれる環境を整えるのが経営者の役割だと考えています。

もっとも、それには失敗したときのフォロー体制も欠かせません。一般企業では、一度出世ルートから外れたり、左遷されたりした社員は、社内的に抹殺されてしまうケースが多いと思いますが、当社では〝リハビリ期間〟を経て復活することができます。失敗することは仕方がないと考えていますし、失敗を乗り越えた経験が人を強くするからです。

また、「肩書きを与えられたことで勘違いする」という類いの失敗も往々にしてあります。それを私は「常務病」と呼んでいるのですが、以前はまわりから慕われていた人間が、常務になったとたん思い上がった言動や行動を取るようになり、人心が離れていくケースもあります。仕事がデキる優秀な人に多いのですが、「デキる」自分のものさしで他者を測ってしまうために、人が思うように動いてくれないことに苛立ったりと、マネジメントに頭を悩まされる人もいます。

命綱もなく、下にクッションも敷かれていないような状況で綱渡りをする人はいません。「失敗すれば元に戻れない」と分かっていながら挑戦するような人は誰もいません。失敗が肯定的なものとして受け入れられる企業文化のなかでこそ、人は一歩を踏み出すことができるのです。

仕事の報酬は仕事

失敗を肯定する「イノベーションカンパニー」において、唯一、保守的なのが給与体系です。当社では昭和の日本企業では普遍的だった年功序列制度を採用しており、外資系企業に多い成果主義、能力主義的な考え方とは一線を画しています。役員報酬や役職手当はあるので、完全に横並びではないのですが、基本的には、勤続年数や年齢に応じて少しずつ昇給していく仕組みです。めざましい成果を挙げた個人に特別ボーナスを支給するようなこともありませんし、出世コースから外れたとしても給与が下がることはありません。

その理由は、主に2つあります。

1つ目の理由は、「和を以て貴しとなす」を地でいく日本社会において、成果主義的な給与体系は似つかわしくないと考えているからです。成果を挙げた個人にとってはインセンティブになり、パフォーマンスの向上に貢献するかもしれませんが、組織全体として見たときに士気やパフォーマンスが下がることは往々にして起こり得ます。社員が目先の成果ばかり追い掛けるようになったり、組織に亀裂を生んでしまったりするリスクを考えると、慎重にならざるを得ないというのが私の考え方です。

もっとも、それが行き過ぎてしまうと「頑張っても評価されない」という不満を生み、モチベーションの低下や離職につながるため、そのさじ加減が重要です。

2つ目の理由は、そもそも「お金という人参をぶら下げて社員の意欲を引き出す」手法に疑問があるからです。人間は欲張りな生き物です。仮に希望どおりの収入が得られたとしても、必ずどこかで満足できなくなるときが訪れます。

だからこそ私は「仕事の報酬は仕事」という価値観を浸透させていきたいのです。社員にも「仕事が来ることは評価されている証だから」とよく言いますが、人からの尊敬を集めること、社会的に評価されることといった、より高次元の欲求にフォーカスして働いてほしいと思っています。

そのために重要なのが「安定」であり「安心」です。よけいなことに惑わされず、安心して仕事に集中できる環境があるから、人はチャレンジできるのです。実際、当社から独立した社員もいますが、「安定が保証されたなかで、やりたいことをやれる」環境が整っていたからこそ独立を決めています。

私自身、入社当初から「俺は好きな人としか仕事をしない」と公言してきましたし、社員から気に入られたい、好かれたいと思ったことはありません。「来る者は拒まず、去る者追わず」が基本的なスタンスなので、私のやり方に賛同、納得できないのであれば、別の環境に活躍の場を求めてほしいと考えています。

もちろん時代は変わっています。社員との対話を重んじている経営者も増えているようですが、私としてはどこか腑に落ちない部分があります。社員とじゃれ合う時間があるなら、社外に出て新たな縁をもたらすための対話をしたほうが、よほど価値があるはず。少なくとも、社員に気に入られようとするためなら、すぐに止めたほうがよく、それよりも社長自身が闘っている姿を見せることが重要だと思うのです。

世の中には、大きく分けて3パターンの人間がいます。縁を見過ごす人間と縁を受け止めきれなくて自ら手放してしまう人間、そして縁を受け止めて前に転がす、つまり出会った相手の人生を少しでもいいほうに変えられる人間です。私は縁を受け止めて前に転がす人間でありたいですし、社員にもそうあってほしいと願っています。

その縁は仕事についてもいえることです。例えば同じ仕事に対して、こんなものでいいかという程度で終える社員と、自分に何を求められているかを考えて取り組む社員とでは、どちらが次の縁を引き寄せるかは明白です。

新入社員のなかには、配属された部署や与えられた仕事が希望どおりではなく、こんなはずではないという苛立ちや不満を抱えている人もいると思います。私も彼らには「目の前のどうでもいい仕事をどれだけ自分事としてとらえて、丁寧にやるかが大事なんだ。最初の1年で君たちの人生は決まるよ。会社はその間に人となりや本性を見極めているから」とよく言っています。

企業の風土や文化を決めるのは経営者のマインドです。社長が「経費節減」を合言葉に、社長室にこもっていれば、社員も同じように内向きになるでしょう。一方で、「いつもどこかに出掛けていて、新しい話をもって来る」社長であれば、そういう姿勢を社員も見習うはずです。

私の場合、何かを目掛けて行くというよりは、「犬も歩けば棒に当たる」という思考で外をほっつき歩いています。コロナ禍前はテクノロジー関連の大型イベントなどに参加するため、1カ月に最低でも一度は北米やヨーロッパを訪れていましたし、コロナ禍のなかでも意識の高い若者と出会えるNewsPicksの勉強会などに参加し、交流を図っています。ご縁というものは、自ら出会いを求めることでしか生まれないのです。

やりたいことをやればいい

私は常日頃から「すべてのマーケティングリサーチ（市場調査）は意味がない」と言っています。創造的で世の中に役立つものを生み出すために必要なのは、優れたデータ分析ではなく、人間の奥底にある喜怒哀楽に根ざした何かだと思っているからです。

自己治癒コンクリートを例に挙げると、コンクリートが「冷たい」「無機質」といったレッテルをはられていたことへの怒りが原動力になっています。ＳＤＧｓが叫ばれ、脱炭素社会へのシフトチェンジが加速度的に進んでいる時代背景も考慮していますし、日本の市場にはない新しい技術であることも承知しています。とはいえ、「だったら生き物のようなコンクリートを作ってやるから今に見ておれ」という思いがすべての源になっているからこそ、やるべきことが明確になり、継続しやすいのだと思っています。

これまで当社では多くの海外案件を受注していますが、それも根本にある考え方は同じです。「コンクリートは地場産業」だという全世界の共通認識を前提として、当社のテクノロジーでしか解決できないような場合に限って引き受けるようにしています。ゆえに

「必ずしも私たちがやる必要はない」という理由でお断りした案件は多くあります。

世の中に「やらなければならないこと」が膨大にあるなかで、短い人生において自分にできることは限られています。それならば、自分のなかから湧き出てくるもの（内発的な動機付け）にしたがってやることを選んだほうがいいと思うのです。私の性格があまのじゃくだからでしょうが、他社と同じような会社になりたくないという思いが、自分たちにしかできないことを突き詰めたいという動機付けに変わり、仕事を選ぶものさしになります。大してやりたくもないことを、マーケティング戦略に則って義務的にやるから失敗するのです。

過去の著名な創業者を振り返っても、おそらくそうだったはずです。私は日経新聞記者時代、ダイエーの創業者である中内功氏と懇意にしていましたが、「もともと薬屋だったのに、なぜ肉の販売も始めたのですか?」と尋ねた時に返ってきた答えはいまだに私の脳裏に焼き付いています。

「おまえは、飢えることがどういうことかを知らないだろう? おれは戦争に行っていた時、食うものがまったくないフィリピンのジャングルの中で、食えるものは何でも食った。仲間の日本兵と食べものの話をすることや、すき焼きの夢を見ることで空腹を紛らわせた。

だからもし日本に生きて帰ったら、特権階級や金持ちではない普通の庶民が、おいしい牛肉や野菜をたらふく食べられるような世の中にしなきゃいけないと思ったんだ」

それが「価格破壊」をスローガンとする「主婦の店ダイエー」を生んだ原点であり、資本金400万円の薬店を5兆円企業まで躍進させた鉱脈だったのだと思います。生産者から流通支配権を奪う「流通革命」を成し遂げたことは、結果に過ぎないのです。

マーケティング戦略を練る前に、まずは自分が何をしたいのかを問い直すべきです。よく勉強してきた若い人たちは頭がいいので、すぐにそれなりの答えを用意できるのですが、もっと人間の根源的な欲求に根ざしたところから物事を考える癖をつけたほうがいいのです。

だから私は「業界の先行きが危ない」、「市場競争が激化している」などとマクロ視点の話ばかりする人はあまり信用していません。どんなに市場が縮小しようとも、業績を伸ばす会社は伸ばしますし、逆に市場が拡大しようとも、業績を落とす会社は落とします。つまり、マクロとミクロの相関性などないのです。事実、2000年代初頭の小泉構造改革により、コンクリートの市場規模はそれまでの半分以下になりましたが、当社は売上を倍に伸ばしています。

結論としては、会社も個人もやりたい事業や仕事だけやればいいということです。「あなたにしかない技術だから何とか助けてほしい」と請われて、「仕方ないですね」とやや勿体ぶって言うくらいのほうがかっこいいと思います。そういう存在であるためにはやはり、固有種でなければならないのです。

面白いことを追求する

これまで紹介してきたようなイノベーションを生み出すものづくり企業であり続けるためには、人材育成が欠かせません。

当社における人材育成プログラムの柱は、「the Academy」という〝私塾〟です。コンクリートの技術者を育成する目的で2010年に立ち上げた1年間のプログラムで、技術研究所の主席研究員が講師を務めます。参加者は技術職に限らず、社内のさまざまな部署から毎年5人程度を選抜したうえで、受講日は仕事をせず、学ぶことに専念します。

the Academy のミッションは、地球上のどこに派遣されても自分の感覚と知識だけでコンクリートをデザインできる人間をつくることです。ゆえに実地の授業を多く取り入れています。修了の証となる卒業試験でも、配合設計と実際のコンクリートのギャップが許容値に収まっていなければアウトです。

私がこのプログラムを始めようと思った理由の一つは、昭和の徒弟制度的なシステムのなかで育ってきた職人的な技術者たちがあと10年もすれば引退してしまうことへの危機感からでした。今のように国や学校で用意された教育プログラムがなかった時代に、実地で技術や肌感覚を磨いてきた世代のノウハウやイズムを継承しなければならないと思ったのです。

すでに商品もその配合も出来上がった工場において、新人がゼロベースで材料を吟味し配合設計する機会など今やほとんど存在しないでしょう。アタマでは技術を理解していても〝修羅場〟をくぐっていないのです。

このプログラムのねらいは、もう一つあります。社内のさまざまな部署からメンバーを選び、飲み会を定期的に開いているのは、1年間の学びを通して部門横断的な社内人脈を築いてほしいからです。組織という枠にとらわれない自由闊達な集団になるために、所属している部署の枠を越えて声を掛け合える関係性を築いてほしいと願っています。

そのために、the Academyでは昔の「五人組」のような連帯責任制を採っています。

「卒業試験に一人でも不合格であれば、合格とは認めない」という条件を設けているので、仮に落ちこぼれのような社員がいると、他のメンバーが手助けする（せざるを得ない）状況が生まれます。理不尽に感じるところもあるかもしれませんが、そういった制約があるからこそ、皆必死になりますし、そのなかでリーダーシップや協調性を学ぶよい機会になるのです。

そういった義務的な部分もありますが、全体としては自由度の高い内容だと思います。私が講師陣に伝えているのは、「コンクリートは面白くて追究しがいのある素材なんだと思えるような授業をしてくれ」ということが主です。好きこそ物の上手なれとはよく言ったもので、人は「好き」で「興味がある」対象に一番力を注ぐことができます。

卒業生からの評判は上々で、２０２１年現在、60人ほどいる卒業生が各地に散らばって、当社のノウハウやイズムを若手に伝えてくれています。金剛組の宮大工のように、技術だけでなく、その奥義や本質も含めて代々受け継いでいくことが目標です。

「組織図が描けない組織」を目指して

固有種であり続け、イノベーションが生まれやすい環境をつくるためは、株式会社という既存の枠組みすら疑わなくてはならないと私は考えています。

1602年に設立されたオランダの東インド会社を発祥とする株式会社は、多額のリスクマネーを集めて船を艤装し、希少な東洋の商材の貿易利益をみんなで分け合う仕組みです。これはいわば上意下達の軍隊組織であるからこそガバナンスが効いているのですが、今の時代にはそぐわなくなってきています。かといって、株式会社に取って代わる存在を見つけ出した人は世界にいません。だからこそ、自分たちでつくっていきたいのです。

組織は大きくなればなるほど硬直化や縦割りといった弊害が生まれますが、組織図が描きやすい組織ほどそういった危うさを秘めています。本来、組織における人と人の関係はもっと複雑に絡み合っていて、一枚の紙に描ききれるようなものではありません。やりたいことが見つからずに悩んでいる人も世の中には多いと思いますが、その責任の一端は会社にあるともいえます。組織内での根回しや忖度といった〝よけいなこと〟が仕事のようになっていると、個人の喜怒哀楽は置き去りにせざるを得ないからです。

私たちが目指しているのは「組織図に描けない組織」です。おのおのがやりたいことを素直に追求する過程で、会社や属性といった垣根を越えて「やりたいことが一致している」という理由だけで自然と人が集まれる。そしてその集団がコミュニティーにとどまらず、新しい事業を生み出し、経済を循環させていく。そんな〝組織〟を実現させたいと考えています。

そのためには社内の人間どうしが互いによく知っていて、人間関係を築いておくことがカギとなります。当社の社内に落書きスペースがあったり、ワインを飲みながら話ができたりする「コモンズ」というフリースペースを設けているのも、その考えに紐付いたものです。ビジネスチャットツールを展開するSlackや、AWS（アマゾンウェブサービス）を生み出したAmazonはよいお手本です。彼らのように、自社の課題解決や業務改善のために作ったシステムをオープン化させ、世界中の個人や組織が使う標準プラットフォームへと進化させたいのです。

私が身をおいていたメディア業界は、採用試験で大学名や学部を問いませんでした。企業にとっては学歴でフィルタリングをかけないことでリスクは高まるでしょうが、実は最も自然な採用手法だと思います。

国籍も性別も学歴も肩書も関係なく、実現したいビジョンのもとに集まった人たちの共感の渦からビジネスが自然発生的に生まれている状態が私の理想です。現にMIT（マサチューセッツ工科大学）を卒業して当社の仲間になった米国籍の社員は、〝イノベーションカンパニー〟として当社を見てくれているはずです。

自らアクションを起こす実践型、自律型の人が増えて、やりたいプロジェクトが自然発生的にいくつも生まれてくる状態を私は「ギャラクシー構造」と呼んでいます。最近、当社から独立して個人事業主となった社員はいいモデルケースです。業務委託のような形で引き続き当社の仕事を請け負ってもらっている彼が外部とより自由に結び付くことで新たな価値観を生み出してくれるかもしれません。

むろんそれは、コンクリートメーカーという祖業を大切にしているからこそ成立するものです。あくまでも既存事業と新規事業の両輪で進めていくことが大前提です。生コンやコンクリート製品を作る工場では、地元の高校生を中心に採用し、着実にものづくりを継承する一方で、最新の知見をもった人材を集めて、チャレンジングな事業や研究を仕掛けていくことが必要だと考えています。

なぜ私が「オリジナル」や「イノベーション」にここまでこだわるか、その理由の一つは、コモディティー化によって価格競争に陥り、疲弊していくことほど不幸なビジネスはほかにないからです。おそらく最初は「ただ変わっているだけ」の存在に見られるでしょうが、いったん突き抜けてしまうと、他が追随してくるパイオニア的存在になれると思います。その臨界点を突破することが当座の目標です。

「出会うべくして出会う」プラットフォームを

ゲーム開発会社のハニカムラボと昨年シンガポールに共同設立した「RoccSync（ロックシンク）」はまさに、新しい形で事業を生み出しうる新しいコミュニケーションツールを作るために立ち上げた会社です。HoloLens（以下、ホロレンズ）などのデバイスを活用して生み出そうとしているのは、同じ志をもった人や最高のパートナーになり得る人との出会いを仲立ちするプラットフォームです。

「人間はどういう存在なのか」という問いから生まれたこのプラットフォームはＳＮＳとは異なり、人と人とをつなげようとはしません。より正確にいえば、ビジョンや志、ビジネスプランといった「実現したい未来」への思いを通してのみ他人と交わることができます。例えば「脱炭素社会に貢献したい」という思いを登録しておくと、それに近いビジョンや志を抱いている人をＡＩが見つけ出し、〝必然的〟につながれるという仕組みです。

ユーザーは、ホロレンズを装着すると、目の前に３６０度の視野が広がるＭＲの世界が現れます。その空間にはいくつものハニカム（部屋）があり、映像も文字も声もアップロードができます。自分の優先順位に応じてハニカムの場所を自在に入れ替えられるので、興味を惹かれるハニカムの扉を開けば、まだ見ぬ誰かと出会うことができるのです。

お互い発信者の素性が分からないので、容姿や肩書き、国籍、人種、性別、年齢、学歴、職歴といった〝よけいな〟情報に惑わされることなく、フラットな状態で相手と出会い、自分自身を内省することができます。言語の壁も越えられるように、自動翻訳機能を搭載する予定です。そこで意気投合すれば、現実に会わなくとも、遠隔で情報やデータを共有しながら作業やプロジェクトを進めていけるのです。

端的にいうと、これは今のＳＮＳによって失われたものを補完するプラットフォームです。Facebook や Twitter、Instagram といったＳＮＳは、人と人のつながり方を大きく変えました。新しい人間関係が生まれる、気軽なコミュニケーションにより日常的な人間関係が豊かになるといったメリットがある反面、他者からの承認を得たいがために自分自身を過剰に盛った結果、本当の自分が分からなくなるといったデメリットもあります。

SNSが「誰とでもつながれる仕組み」だとすれば、このプラットフォームは「出会うべき人にしか出会えない」仕組みです。人と人をつなげるのではなく、人と人がつながってしまうツールにしたいのです。SNSが登録者が皆に「いいね」を押してもらうために投稿する能動的なツールなのに対して、このプラットフォームは偶然の出会いを生み出す受動的なツールです。人と人が主体的に「友達」になるのではなく、水素と酸素が分子結合して水になるように自然な化学反応を生み出す触媒になるのです。

不完全なものに美を見いだす日本文化は、引き算の美学によって支えられているところがあります。私たちのプラットフォームは、コミュニティーでもなければ、ネットワークでもタイムラインでもありません。〝足し算〟によって生み出されたSNSの過剰な機能からよけいなものをすべて削ぎ落としていった末に残った〝引き算〟のサービスなのです。

スピリチュアルめいて聞こえるかもしれませんが、人と人を結び付けるのは詰まるところ光と波動だと思っています。光や波動を複合現実空間のなかに表現できそうなのがMRの長所です。そこに作為的な要素がなく、まさに宇宙の摂理だと感じられるような出会いを創出するためのシステムを設計するのが一番のハードルだと感じています。

現在、そのシステムの要件定義を進めている段階で、α版の基本設計を２０２１年末に終えたいと考えています。ちなみに社名の「RoccSync」のシンクは、同期する、という英語の動詞です。ハニカム（6＝ロク）が同期する（Sync）世界です。

このプラットフォームは、思いもよらぬ未来を拓くこともあるでしょう。深く共感できる相手がルワンダで暮らす15歳の女の子かもしれませんし、ロシアで暮らす70歳のおじいさんかもしれません。もしこのプラットフォームが浸透すれば、ジェンダーの問題をやすやすと乗り越えられるかもしれません。日本で女性の社会的地位がなかなか上がらないのは、あらかじめ男女という属性（記号）を与えられることによって「女性にさせられる」からなのです。

社員約７００人のうち女性社員は約１００人、うち役員は一人もいない当社にとって、女性登用は真っ先に解決しなければならない課題の一つです。組織に一定割合の女性登用を義務付ける「クオータ制」の導入なども検討していますが、もう少しスマートに克服していきたいと考えます。その意味でこのプラットフォームは、私たち自身が必要としているツールでもあるのです。性別に限らず、人種や学歴などを超えて社会の不平等や不自由から解放するツールになる可能性を、このプラットフォームは秘めています。お互いに身にまとう鎧を脱いだ状態で惹かれる相手こそ、出会うべき人だと思うのです。

もちろん、いいことばかりではないはずです。自分をよく見せたいという欲求が人間にある限り、必要以上にビッグマウスになったり、ハッタリをかましたりする〝偽者〟が現れる可能性も十分にあります。素性が分からないことに付け込んだ輩にシステムを悪用される恐れもあります。しかし、マイナス面を挙げだせばキリがなく、そういったところも含めてユーザーは人を判断する力が求められるのだと思います。事業家、経営者としては、このプラットフォームを通して新しい出会いが生まれ、事業が生まれることを願っています。話した内容がそのまま電子契約書になり、会社登記が済むようになれば、起業へのハードルが下がり、雨後の筍のように新しい会社が続々と誕生するはずです。

社内においては、自分から積極的に発信するのは苦手でも、実は情熱を秘めているというタイプの人材を発掘できるチャンスにもなるかもしれません。グループ全体で約７００人の社員がいて、会ったことも話したこともない人たちが多い当社のような環境でこそ役立ちます。コンクリートとの関連性を問われたとしても、新しい企業のあり方を考えることは経営そのものであり、本業そのものだと私は認識しています。

そもそも1980年代までの日本人は、世界で通用するものをつくろうという志をもっていたはずです。「ジャパン・アズ・ナンバーワン」の称号を与えられるなど、20世紀モデルとしては成功を収めましたが、インターネットの波に乗り遅れたがゆえに21世紀モデルではつまずき、先進国から転げ落ちそうなところまで来ています。次の10年でこの劣勢をはね返し、日本を再復興させなければならないという問題意識が、このプラットフォームを生み出そうとする私の原点です。

SNSが世の中に浸透し始めてから十数年、時代は次のプラットフォームに移行していくフェーズに差し掛かっています。ホロレンズはまだ1台40～50万円と高価で、操作が面倒なところも多いですが、あと数年もすれば、もっとシンプルかつ安価で人々が気軽に手に入れられる存在になっていると思います。

新聞からテレビへ、テレビからインターネットへと、PCからスマホへとメディアが移り変わったタイミングは、社会が大きく変わるタイミングでもありました。SNSの諸課題が見えてきているなかで、私たちはRoccSyncを通して「人や会社の再定義」に挑戦したいと思っています。

第5章

サステナブルな ファミリーエンタープライズで 「真の老舗企業を目指せ」

約束された椅子などない

二代目の社長の長男として生まれた私にとって、家業を継ぐことは自分の宿命のようなものだと感じていました。二人きりのときに限って、祖父からは「早く大きくなって實(私の父)を手伝えよ」とたびたび耳元で囁かれていましたし、望むと望まざるとにかかわらず、3代目としてそういう道の上を歩かざるを得ないことは子どもの頃から感じていました。

一方で、自分の人生なんだから自分で決めたいという思いもありました。コンクリートや建設業とは対極にある文学部を卒業後、新聞記者になったのは「後継ぎ」としてのレールの上を歩かされることへの反発があったからです。

そんな私が會澤高圧コンクリートに入社することを決めたのは、入社する約半年前です。いずれは戻ってくるつもりで、ちょうどいい頃合いを見計らいながら日々を過ごしていましたが、前もってこのタイミングだと決めていたわけではありません。

いちばん大きなきっかけとなったのは、両親が親戚を連れて観光旅行がてらニューヨークにいる私を訪ねてきたことです。当時、私は33歳で、いよいよ連れ戻しに来たかと思ってずっと身構えていましたが、約1週間の滞在中、父は日本にいるときとまったく変わらない様子で、「戻ってこい」という意味合いの言葉を一言も口にしませんでした。それどころか「新聞記者稼業を天職だと思って頑張れよ」と私の選択を応援するようなメッセージをくれたのです。

しかし、父は昔から嘘をつけない人でした。父の目を見れば、本音ではないことは考えるまでもなく明白でした。私はもともと、「右に行け」と言われたら左に行くようなあまのじゃくな人間ですから、もしそこで「戻ってきてくれ」と言われていたら断っていたと思います。父はそんな私を理解したうえでやったのかどうかは分かりませんが、結局それが決め手になったのです。

私が会社に退職の意思を伝えたのは、本社から帰国の内示が届き、戻り先を調整するために当時の米州総局長から呼ばれた時でした。

「會澤君どこに戻る？　財研（財政研究会という大蔵省〈現・財務省〉の記者クラブ）でいいな」

「すみません、決めなくていいです。私、辞めます」

総局長は最初仰天していましたが、丁寧に事情を話すと完全に理解してくれました。その日の夜に、私は父に国際電話をかけ、心のなかで三つ指をつき、「会社に入れてください」とお願いしました。私自身、新聞記者の仕事が家業に入るまでの腰掛けだと思ったことはただの一度としてありません。だからこそペンを置き、ポケベルを外した最後の出社日の夜は涙が止まりませんでした。

父の言葉は最後のひと押しでしたが、そのほかにきっかけとなった〝事件〟が２つあります。

その一つが、１９９７年11月に起こった北海道拓殖銀行（以下、拓銀）の経営破綻です。北海道唯一の都市銀行として北海道の経済成長を支えてきた拓銀は、北海道の心臓であり、北海道民から「拓銀さん」と呼ばれるほど社会的に重要な役割を果たしてきた存在です。そんな拓銀が破綻したと聞いて、私は耳を疑いました。しかも拓銀は当社のメインバンクだったので、父に〝安否確認〟の電話をかけたほどです（結果として北洋銀行への営業譲渡が決まったことで、最悪の事態には至らずに済みました）。

拓銀の経営破綻は、バブル期における過剰融資、乱脈融資が主な原因だと見られています。全国で12ある都市銀行のなかで最も規模が小さかった拓銀は、バブル期に不動産融資を本格化させた他の都市銀行に水をあけられた状況を挽回したい一心だったようです。いずれにしてもその衝撃とともに「時代の変わり目に立っている」という実感は私のなかに深く刻まれたのです。

もう一つの〝事件〟が、ちょうど私が入社した1998年10月1日に行われた秩父小野田セメントと日本セメントの合併です。市場の縮小により「100年のライバル」としてしのぎを削っていた両社が合併しなければならない状況は、コンクリート業界の未来にも警鐘を鳴らしているように感じられました。

この2つの〝事件〟で私は「時代が動く」と直感したのです。平穏な時代ではなく、動乱の渦中に飛び込んでいったほうが面白いことをやれそうだと血が騒いだことも事実です。「ダウンサイジング」していったアメリカがインターネットの爆発によって息を吹き返していったリアルを体感したからこそ、「新しいビジネスモデルによって前近代的なコンクリート業界を革新していく」という物語を生きることができたのです。

といっても、後ろ髪を引かれるような気持ちもありました。ECサイトの会社をデラウエアに設立し、自分で事業を起こす準備をしていた私にとって、ニューヨークから北海道に戻ることは都落ち同然でした。その会社をたたまなかったのも、継承しなければならない家業を踏み台、いや跳躍台にしてもう一度ニューヨークに戻ってきてやろうという野心めいた気持ちがあったからです。

とにかく會澤高圧コンクリートに入れば「3代目」という約束された椅子を得られる、といった甘い考えはこれっぽっちもなかったのです。

「3代目」としての闘い

日本において、ファミリービジネス（同族経営）はマイナスイメージで語られることが多く、ネガティブな側面ばかりが強調されているような印象を受けます。

不祥事を招く甘い体質、親族どうしのお家騒動など、テレビのワイドショーにとって格好のネタになりやすいファミリービジネスですが、当事者としては折々でそのポテンシャルを感じてきました。ファミリービジネスの名誉を挽回したい、という思いがこの本を執筆する一つの動機になっていることもあり、あえて「ファミリーエンタープライズ」という呼び方を用いています。

ファミリーエンタープライズにおける正しい事業継承は、一言でいうとパワーゲームだと思っています。直訳すると「権力争い」ですが、私が思うパワーゲームは「先代を乗り越える闘い」です。正面切って意見を戦わせたり、権謀術数を巡らせて権力を奪い取ったりするという話ではありません。役職としては専務や経営企画室長であっても、事実上の〝創業者〟となり会社を変革していかなければならないということです。

23年前、私が入社直後に与えられた役職は総務部長付でした。伝え聞いたところでは、父は「祥弘には3年間くらい何もやらせんなよ。業界のこともビジネスのことも何もわからない状態で入社してくるから、下手にやらせたら間違うぞ」と役員連中に言っていたようです。私自身、「3代目が入社してから仕事のやり方が明らかに変わった」と社員が実感できるように改革を演出したところもあります。ベンダーがサポートしてくれる富士通やNEC製ではなく、デル製のパソコンをメーカー直送で1人1台配布したこと。京セラのアメーバ経営を導入したこと。若手社員を集めて「業務改革ワーキンググループ」をつくり、話し合いのなかで「独創・挑戦・誠実」という企業理念を定めたこと。それを実現するための行動指針として100項目を挙げた「アイザワフィロソフィー手帳」を作成したこと。朝礼での手帳の輪読を通して、一体感を醸成しながら社内への浸透を図ったこと……。それらはすべて、会社を自分色に染めていくためのプロセスでもありました。私がいずれ3代目の社長になることは社員も暗黙のうちに分かっていたでしょうから、素の私を信頼してもらえるように心を砕いたのです。

といっても、父のやり方を否定していたわけではありません。緩い社風の象徴として、「役員会が終わったあと、みんなで寿司折りを食べていた」というエピソードを紹介しましたが、裏を返せば役員仲が良く、つながりを大切にしていた会社でもありました。

役員会のような会議体は、操縦桿を握る経営者の思いや考え方が如実に反映されるものです。父・實を中心に「七奉行」と呼ばれる各部署のプロフェッショナルが経営陣として名を連ねていましたし、父がいい会社を築いていてくれたからこそ、〝戦争〟状態でも生き延びることができたのです。

自分の父を褒めるのもなんですが、とても魅力のある男です。根の優しさで人を惹きつける人たらし的なところがあり、社内で父に惚れ込んでいる人間も少なくありません。一方で、SEC工法へのこだわりにも表れているように、自分が信じたことに対してはまっすぐに突き進むブルドーザーのような側面もあるため、まわりが無理にでも付いていかざるを得なくなるところもあります。その純真さや実直さで人を巻き込んでいく、まさに「泣く子と地頭には勝てぬ」ということわざを体現しているような人だからこそ、権謀術数は私が練らないといけないと思うところもありました。

同族経営のファミリーエンタープライズにおいて、後継ぎとなる息子に対して現場の下積みから経験するように命じる経営者も少なくないと思います。獅子がわが子を千尋の谷に突き落とすがごとく、あえて厳しい試練を与える経営者もいると思います。

私自身はそのやり方について懐疑的です。自動車メーカーの経営者が自動車の製造ラインでビス止めをやっていなかったと批判する人は少ないでしょう。それは精神論にかたよった考え方で、あまり合理的だとは思えません。もし私が入社当初、父から「コンクリート工場の清掃から始めろ」と命じられていたら、すぐに会社を辞めていたでしょう。そこに費やす時間やエネルギーを別のところに振り向けるほうがいいだろう、というのが私の考えです。

現場を軽んじていたわけではありません。毎日ラインのそばに立っている人間には見えないところが見えるのが、現場にいない人間の強みです。私はアメーバ経営を導入して以来、1カ月に一度、各地の工場に出向き、工場長や直接指揮をとっているラインリーダーとコミュニケーションを重ね、改善に向けた案を練ってきました。これも形は違えど、現場主義だと思います。

長期的に同じ場所に通い続けることのメリットは、ささいな変化や違和感にも気づけるところにあります。これは新聞記者時代の取材にもいえることですが、同じ場所や同じ対象を定点観測するからこそ見えてくるものがあります。そこで何かがおかしいと思う感覚こそ、経営者に必要な能力です。経営者であれ記者であれ、リアルを肌で感じるために現場に足を運ぶことが大切なのは変わらないのです。

ファミリーエンタープライズの強み

ファミリーエンタープライズには知られざる魅力がたくさんあり、海外では何十年も前からファミリーエンタープライズの研究が高い社会的評価を得ています。ファミリーエンタープライズには「オーナーによる会社の私物化」、「子が会社の財産を食いつぶす危険がある」、「自浄作用が働きづらい」、「コーポレートガバナンスが甘くなりやすい」といったネガティブな側面もありますが、物事に絶対的な善も悪もないので、弱みを補いながら、強みを伸ばしていけばいいのです。

ファミリーエンタープライズ＝長子相続、つまり長男が経営者になるものと思われがちですが、そうではないケースも多いのが実情です。昔からいちばん優秀な息子に継がせたり、息子のなかに候補がいない場合は、養子や婿養子を迎えたりしてきました。経営者に適した人材を抜擢するという意味でも、選べない息子より選べる娘婿のほうが合理的で、かつて「娘が生まれると赤飯を炊いて祝った」商家があったというのも納得です。

ファミリーエンタープライズの最大の魅力は長期的視点で経営を考えられることです。「50年後、あるいは100年後という孫、ひ孫の世代に世の中はどう変化しているか」という視点で考えるので、必然的に目先の利には走らなくなります。まさに「今さえよければいい」という考え方の対極にあるものです。

ファミリービジネスに詳しい後藤俊夫氏の調査によると「長寿ファミリービジネスにおける社長の在任期間は平均28年」だそうです。任期が3～4年のサラリーマン社長が株主に納得してもらえるように四半期ごとに結果を追い求めるのと、経営方針はまったく異なるはずです。

かつて私が十数年にわたり、金科玉条のごとく掲げていた「アメーバ経営」の価値を説き、社員を鼓舞してきた社長自身が一夜にして方針を変えたのも、ファミリーエンタープライズとしての視点があったからかもしれません。

資本と経営が一致しているファミリーエンタープライズは株主の要望を汲まなくていいので、重要な場面で迅速にして大胆な意思決定を下すことができます。個人保証や担保を提供して資金繰りを行っているファミリーエンタープライズの経営者は、サラリーマン社長とは危機感や本気度が違います。

その点、日本の非同族系の大企業では、創業者をはじめ、歴代の先輩たちがやってきたことを「辞めます」とは言えないのではないでしょうか。日本の大企業がなかなか変化できない原因の一つがそこにあると私は思います。

選択と集中はいらない

企業経営において大事なのは選択と集中だ、といわれるようになったのは１９９０年代後半頃です。選択と集中とは、自社が強みとする領域を絞り、そこに資金や人材などの経営資源を集中的に投下することで、業績向上や経営の効率化につなげる経営手法です。

メリットはあると思いますが、まさに四半期ベースで物事を判断する経営者にフィットした考え方であり、私個人としてはまったくもって否定的です。例えば、今は芽が出ていないけれど、30年後、50年後に芽吹いて大輪の花を咲かせるかもしれない事業の種も、「選択と集中」の考え方に則れば、真っ先に取り除かなければならないからです。

「選択と集中」は、ムダや回り道とも表現できるゆとりを許容しません。合理化、効率化を主導する「プロ経営者」が跋扈(ばっこ)するようになった今、社会を変えたいという情熱や志をもった経営者が減っていることを私は危惧しています。

ムダを避けようとする動きは社会全体で見られます。専攻分野が年を追うごとに細分化している日本の大学教育はその典型です。自分の専門分野のことは詳しくても、それ以外のことはからっきしという人が本当に「役に立つ」といいきることはできません。幅広い教養をもっていない人が増えていることが、日本が世界に遅れを取っている要因の一つではないかと思います。やはり大学では、専門分野を学ぶ前に、ギリシャ・ローマ時代の人々が自由人として生きるために求めた学問を起源とするリベラルアーツ（文法・論理・修辞・算術・幾何・天文・音楽）を学ぶべきです。一見、ムダに感じられるかもしれませんが、リベラルアーツを学んで教養を身につけることが人生のどこかで役立ちます。

長い目で経営判断ができるファミリーエンタープライズではまさに、「いつかどこかで役立つかもしれない」ときが来るまでその種を温めておくことができます。とある企業とコラボをしてうまくいかなかった場合も、そこで縁を切るのではなく、縁をつないだまま、時機が来るまで待てばいいのです。自分からわざわざそのチャンスを手放す必要はないのです。早過ぎても遅過ぎてもいけません。タイミングこそがビジネスにとっての肝なのです。

祖業が秘めた可能性

私がコンクリートという祖業を守り続けているのは、人間が生きていくうえで欠かせないコンクリートの重要性を感じたからでもありますが、大前提として創業者が遺した「コンクリート以外のことをやるな」という家訓があるからです。「テクノロジーの掛け算」と呼んでいますが、「コンクリート×〇〇」の片方がすでに決まっているという意味では大きなアドバンテージがあります。

当社がこの手法をとっているのは、我々のコンクリート素材の技術に異なるテクノロジーをクロスすれば何か新しい価値を生み出すかもしれない、その可能性にかけて掛け算をどんどんしかけているということです。この方法は祖業がいかなる分野であっても実践できるものです。

世の中には、将来性がないから家業を継がない、苦労させたくないから家業を継がせないという親子はたくさんいますが、祖業のもつアドバンテージ、業歴の長い会社がすでに存在していることのアドバンテージにもっと目を向けてほしいと思います。祖業をきっぱりやめて新規事業で成功を収めたケースもあるでしょうが、ゼロから新しい会社や事業を立ち上げる苦労を思えば、たとえ斜陽産業と呼ばれる分野や市場が縮小している分野であっても、実に多くのチャンスが眠っているはずです。むしろ古色蒼然とした伝統産業ほどテクノロジーとの掛け算による変化は大きいとさえいえるのです。

我々の業界でマイナスイメージを嫌って社名から「コンクリート」を外す会社が続出しています。一時社名を変えようかと悩んだこともありましたが、創業者の付けた名前を自分ごときが変えるなんて恐れ多くてできませんでした。それがある時からコンクリートの名前を冠した唯一の会社になってやろうという気持ちに変わり、島津製作所や本田技研工業のように、〝古めかしい〟ことが突き抜けた魅力となり、会社のブランド力を高めるのだと考えるようになりました。

創業者の名付けた社名を変えるなんて恐れ多いという気持ちが半分、もしコンクリートを外したら、テクノロジーの掛け算戦略できっと漂流するに違いない、という理由半分で、当社はこの先も社名を変えるつもりはありません。

真の老舗企業を目指して

息子の大志が29歳で当社の一員として加わったのは、２０２０年1月のことです。東京理科大学を卒業後、チームラボの建築部門に勤めていた彼は、「チームラボより面白い仕事ができそうだから」という理由で当社を選んだようです。21年5月には、東京を拠点とするＡＤＡＡＣ（Aizawa Designers and Architects Collective Inc.）という一級建築士事務所を立ち上げました。ホロレンズなどの新たなコミュニケーションデバイスを活用し、顧客の要望を最大限叶えるべく、三次元データを共有しながら設計を進めていく同社は、「建設のデジタル化」を進める私たちの牽引役となってくれるでしょう。

私たちは、サウジアラビアの首都・リヤドの大手デベロッパーと組み、同国住宅省が主導するコンクリート住宅の建設プロジェクトに参入する予定ですが、その全体戦略を描き、司令塔の役割を果たすのもＡＤＡＡＣです。

サウジ政府が今後10年間で発注するコンクリート住宅の総戸数は40万弱に及びます。灼熱の砂漠気候のなかで、多数の外国人労働者を活用しながら、部材供給と施工体制を確立するために、複合現実（ＭＲ）などの新たな技術を用いて、彼らに遠隔で教育訓練を施し、効率的に日本からの技術移転を進めます。

會澤高圧コンクリートが永続するためにありとあらゆることに心を砕いていきますが、ひとつ確実にいえるのは、４代目、５代目…と、時が経てば経つほど、代々受け継がれてきたスピリットやカルチャー、ＤＮＡは薄まっていくということです。だからこそ、会社の原点に思いを馳せられるような仕掛けは必要ですし、本書もその一環として位置付けています。創業80周年の記念事業で、40分にわたる創業者の人物伝を、プロの映画監督を起用して制作したのも、創業者である會澤芳之介の生き様を浮かび上がらせ、長く後世に伝えていきたかったからです。

「祖霊崇拝」の国である日本には「先祖が誰か一人でも欠けたら自分は存在しない。先祖から受け継いだものを子孫につないでいくことにこそ真の幸福が宿る」という思想があります。私が家に脈々と流れているものを意識するようになったのも、父から引き継いだ事業を息子にバトンタッチするという近未来が現実的なものとなってきたからだと思います。

今後10年ほどかけて、息子に伴走し、経営のバトンを渡すための準備を整えていくつもりです。会社だけでなく、寛文2年（1662年）まで遡れる會澤家を含めて先祖から受け継がれてきたたすきを次につなげていくために、持続可能なプラットフォームとは何かを問い続けていくことになるでしょう。

日本には、個を前面に出すのを良しとしない文化があります。それが同調圧力となり、社会の閉塞感を生み出している面もありますが、社会の調和や安定を生み出している面もあります。人間は自分一人で生きているわけではありません。明治時代以降に持ち込まれた西洋的、近代的価値観に時に抗い、時に溶け合いながら、自国の文化や慣習を守ってきた歴史が日本にはあります。

本物の老舗企業は、欧米の特にアングロサクソンが築き上げた株式資本主義とは位相の異なる世界にあるのです。オランダの東インド会社を発祥とする株式会社の歴史はせいぜい400年程度なのに対して、世界最古の企業として知られる宮大工の「金剛組」（578年創業）は1400年以上の歴史を誇ります。数百年先も残る建物を造るために各世代の職人が技術を受け継いできたからこそ、それだけの長い期間、生き延びてこられたのでしょう。現在は金剛家による同族経営ではありませんが、老舗企業の象徴として学ぶべきことはたくさんありそうです。

近年、世の中に鬱屈した雰囲気が漂っているのは、時代が大きく様変わりしているにもかかわらず、従前の資本主義システムから抜け出せていないからでしょう。人と人の結び付き方やコミュニケーションの取り方、決済の仕方は、テクノロジーの発展とともに変わっていくものです。単に新しい事業を生み出すだけでなく、新しい時代における「生業を企てる」仕組みごと創り出すことが、事業を永続化させる根本的な要素だと思うのです。

ファミリーエンタープライズと一口にいっても、どれ一つとして同じパターンはないため、私たちは私たちなりのやり方を確立していかなければなりません。私自身、執行役員制度をつくり、役員から操縦桿を奪い取った頃から〝経営者人生〟は始まりました。京セラのアメーバ経営を導入し、各アメーバを束ねるリーダーとの対話を10年以上続けたのも、会社を自分色につくり変えていくためには意思疎通が重要だと認識していたからです。

結果的に、コンクリート業界における北海道ナンバーワン企業になりましたが、私の手柄だと言うつもりは毛頭ありません。諸先輩方は何もかも分かったうえで、温かい目で見ていてくれましたし、父も伴走してくれていました。一つ確かなのは、渡す側には信じて見守る姿勢が大事だということです。私がさまざまなことに挑戦できたのも、壁にぶつかることが分かっていたとしても、にっこり笑っている余裕のようなものが、父や父を支えてくれた経営陣にあったおかげでしょう。

しかし、言うは易く行うは難しです。息子と話していると、こうしたほうがいいんじゃないか、そのやり方では難しいだろう……という言葉が、毎度のように口をついて出掛かるのです。事業をやっている家には多いと思いますが、プライベートでも息子は私を「社長」と呼びますし、敬語でしか話しません。その一方で、親にとって、子どもは何歳になっても子どもです。私自身、息子が入りたいと思える会社をつくることが、入社してからのひとつのテーマでもありました。会社を次代に受け渡すことは、渡したあとにどうなるかも含めて責任を負うということだと思うのです。

私が望んでいたとおり、息子は自らの意思で当社に入社しましたが、私が入社した頃より会社の規模も大きく、明確なレールが敷かれた状況で入社するプレッシャーは相当なものだったのではないでしょうか。いずれにしても、事業家にとって必要なのは修羅場をくぐり抜ける経験です。「2年目以降は、テーマは何でもいいから何かに特化しなさい。自分で企画を立てて狼煙を上げ、仲間を募るところから始めて、ラストマン（最終責任者）として一つのプロジェクトを完遂させなさい」と息子には伝えています。自分でのたうち回るような経験をして初めて、血肉になり、事業勘のようなものが磨かれていくからです。私をこれまで支えてくれた経営陣も、そして私自身も、最初から今の私たちではありませんでした。幾度も挑戦し、幾度も失敗し、苦楽をともにして一歩ずつ歩んできたからこそ今日があるのです。

事業は一人でやるものではない。仲間が必要なのです。一緒に仕事がしたいと思う仲間を一人、また、一人と集めていき、一歩ずつ前へ前へと歩を進めていけばいいと思います。

人の一生は重荷を負うて遠き道を行くがごとし、なのですから。

おわりに

この原稿を書いているさなかにも、私たちは2021年9月22日に迫ったエンジンドローンのデビューフライトに向けた準備を浜松で着々と進めています。大型二輪エンジン技術の活用により、産業用ドローンという新たな地平を拓き、真の意味での「空の産業革命」が実現する日はそう遠くないでしょう。

このプロジェクトは「空飛ぶコンクリート3Dプリンターによる無人建築」という最終目標を達成するために欠かせない要素技術開発ですが、私たちアイザワグループが仕掛けていくイノベーションのほんの一部でしかありません。

2023年4月、福島県浪江町に開業する研究開発型製造拠点「福島RDMセンター」は、札幌にあるアイザワ技術研究所を、浪江町にただ移転増強させるものではありません。アイザワ技術研究所は確かに福島RDMセンターの中核機能を果たしますが、誤解を恐れずにいえば、RDM全体にとって当社の技研はテナントの一つでしかないのが望ましいあり方なのです。RDMはいつも外に向かって開かれ、企業の研究者、自治体や団体の職員、国内外の大学関係者、文化人、建築家、芸術家などがリアル、リモートにかかわらず思いのまま集まり、技研の研究員たちが「カタリスト」（触媒）の役割を果たしながら、わくわくするようなオープンイノベーションを仕掛ける、テクノロジーの発酵装置にしたいのです。

なぜそんなことが可能になるのか、ＲＤＭは浪江町という「社会実装のフィールド」のど真ん中に立地するからです。原発事故の影響で「Fukushima」の名はいまや世界で知らない人はいません。私たちは未来のふるさと「Namie Town in Fukushima」を世界にマーケティングし、ここに来ればいつも新しい「共創」に出会えるようにしたいのです。

今年7月、縁あって私は京都で４００年の歴史をもつ西陣織の老舗「細尾」の若旦那、細尾真孝さんに出会いました。和装市場が年々縮小するなか、世界のテキスタイルの標準幅である１５００㎜の「西陣織」を織れる織機を独自に開発し、クリスチャン・ディオールなど多くのブランド企業と組みながら芸術性に優れた高級ファニチャーなどの新市場を開拓している京都旦那衆の若きリーダーです。

大学とのコラボによる西陣の可能性追求がハンパではありません。西陣の絹そのものを発光体にするため、クラゲのＤＮＡを使って蚕をゲノム編集するといったヘンタイぶり

（良い意味で）。私も自己治癒に使うバクテリアの排出する白い炭酸カルシウムをコンクリートの色により近づけたくて、ゲノム編集技術CRISPER/Cas9の開発を主導したフェン・チャンにボストンまで直接相談に行ったことがあるので、細尾さんのアプローチはとても腑に落ちました。

西陣×テクノロジー、西陣×アートによって新たな価値創造に取り組むこうした姿勢は、実は大手商社でミラノに勤務していたこともある先代のお父様が先鞭をつけたものです。父の挑戦が自然と息子に受け継がれて祖業が進化し続ける。本書のテーマである「老舗イノベーション」の理想の形をみる思いがします。

創業100周年を迎える2035年までに当社はサプライヤーを含む事業活動の「ネットゼロ」（脱炭素）を達成するだけでなく、コンクリート×テクノロジーをさらに加速させていく考えです。それまでに当社がどのような企業に進化を遂げているのか、私たち自身ですらも想像が追い付いていません。

日本が誇りを取り戻し、再び世界からの尊敬を集める日を夢見て、私はこれからも一人の事業家として闘い続けますし、息子や社員にもその姿を見せ続けたいと思っています。

また、ファミリーエンタープライズの経営者としては、私たちの実践事例を通して、ファミリーエンタープライズの強みや可能性を世間に伝えていきたいと思っています。

本書が、私たちのビジョンや志とシンクロする方々との新たな出会いが生まれるきっかけとなれば幸いです。

會澤祥弘

會澤祥弘（あいざわ・よしひろ）

1965年北海道静内町（現・新ひだか町）生まれ。

會澤高圧コンクリート株式会社３代目。

中央大学卒業後、日本経済新聞社に入社。12年間の記者生活では米州編集総局（ニューヨーク）駐在などを経験。1998年、家業である會澤高圧コンクリートに入社。旧態依然とした業界に激震を走らせた無人ネットワーク型プラントの創設を主導するなど、次々とイノベーションを起こす。2008年、代表取締役社長に就任。現在は、真の老舗企業になるべく、4代目にバトンを渡す準備を進めている。

コンクリート業界の革命児が挑む 老舗イノベーション

2021年10月27日　第1刷発行

著　者　　會澤祥弘
発行人　　久保田貴幸

発行元　　株式会社 幻冬舎メディアコンサルティング
〒151-0051　東京都渋谷区千駄ヶ谷4-9-7
電話　03-5411-6440（編集）

発売元　　株式会社 幻冬舎
〒151-0051　東京都渋谷区千駄ヶ谷4-9-7
電話　03-5411-6222（営業）

印刷・製本　瞬報社写真印刷株式会社
装　丁　　株式会社 幻冬舎デザインプロ

検印廃止
©YOSHIHIRO AIZAWA, GENTOSHA MEDIA CONSULTING 2021
Printed in Japan
ISBN 978-4-344-93672-0 C0034
幻冬舎メディアコンサルティングＨＰ
http://www.gentosha-mc.com/

※落丁本、乱丁本は購入書店を明記のうえ、小社宛にお送りください。
送料小社負担にてお取替えいたします。
※本書の一部あるいは全部を、著作者の承諾を得ずに無断で複写・複製することは
禁じられています。
定価はカバーに表示してあります。